U0798110

庐山地区自然地理野外实习指导

（第2版）

胡春生　朱永恒 等　编著

安徽师范大学“地理科学”国家级一流本科专业建设点
安徽师范大学“地貌学”国家级一流本科课程
安徽师范大学“气象学与气候学”省级一流本科课程
安徽师范大学“地理科学”省级虚拟教研室

联合资助教材

科学出版社
北京

内 容 简 介

本书在总结多年野外实习工作的基础上，首先系统地介绍庐山地区自然地理野外实习的目标、内容、方法、组织、总结与评价等概况，然后详细地阐释庐山地区地质、地貌、气象（气候）、水文、土壤、植物和动物等自然地理要素的基本特征与发育规律，最后细致地整理庐山地区植物地理、动物地理实习的附录资料。本书具有较强的理论性、实践性和操作性。

本书既可作为高等院校地理科学类专业自然地理野外实习的教材，又可作为相关专业师生教学或学习的参考，还可服务于研学、旅游等活动。

图书在版编目（CIP）数据

庐山地区自然地理野外实习指导 / 胡春生等编著. 2 版. -- 北京 : 科学出版社, 2025. 8. -- ISBN 978-7-03-080423-5

Ⅰ. P942.560.76

中国国家版本馆 CIP 数据核字第 2024HU0035 号

责任编辑：周 丹 沈 旭 李佳琴/责任校对：任云峰

责任印制：张 伟/封面设计：许 瑞

科学出版社 出版

北京东黄城根北街 16 号

邮政编码：100717

http://www.sciencep.com

北京天宇星印刷厂印刷

科学出版社发行 各地新华书店经销

*

2008 年 9 月第 一 版 由安徽人民出版社出版

2025 年 8 月第 二 版 开本：720×1000 1/16

2025 年 8 月第一次印刷 印张：13

字数：263 000

定价：79.00 元

（如有印装质量问题，我社负责调换）

编 委 会

主　编：胡春生　朱永恒

编　委：（以姓氏笔画为序）

朱永恒　朱爱萍　刘新圣　孙　炼　孙　鹏

孙叶根　吴　立　余　健　汪　青　汪　勇

张平究　张宠宏　苗雨青　房　莉　胡春生

姚有如　徐仪红　徐光来　程久苗

前　　言

《普通高等学校本科专业类教学质量国家标准》（2018）明确要求地理科学类专业开设自然地理学或部门自然地理学课程，并且需要构建满足专业教学需求的完备实践教学体系。自然地理野外实习则是该实践教学体系中不可或缺且极其重要的一环。

江西庐山位于我国南北过渡带上，气候温和、降水丰沛，山地垂直分异显著，形成了独特的地质、地貌、气象、水文、土壤、植物、动物等自然地理景观，是我国南方地区开展自然地理野外实习的理想场所。20 世纪 70 年代末，安徽师范大学地理科学专业开始以庐山为基地开展自然地理野外实习工作，迄今已近 50 年，积累了丰富的实习资料与工作经验。2008 年，在总结多年野外实习工作的基础上，安徽师范大学庐山野外实习教学团队整理出版了《庐山地区自然地理野外实习指导》，有力地促进了地理科学类专业野外实习工作的规范化和体系化。近年来，随着实习内容的不断完善和实习工作的不断深入，该版指导书已经不能满足师生需求，因此我们开展了此次指导书修订工作。

本书由安徽师范大学庐山野外实习教学团队集体编写，胡春生、朱永恒担任主编并校对定稿。具体分工如下：第一章第一节由胡春生编写，第二节由朱永恒、胡春生编写，第三节由胡春生、程久苗编写；第二章第一节由吴立、苗雨青、程久苗编写，第二节由苗雨青、胡春生编写，第三节由胡春生、吴立编写；第三章第一节由徐光来编写，第二节由徐光来、孙炼编写，第三节由孙炼、徐光来编写；第四章第一节由孙鹏编写，第二节由朱爱萍编写，第三节由朱爱萍、孙鹏编写；第五章第一节由房莉、余健编写，第二节由张平究、余健、张宠宏编写，第三节由徐仪红、张平究编写；第六章第一节由刘新圣、孙叶根编写，第二节由孙叶根、汪青、刘新圣编写，第三节由汪青、姚有如编写；第七章第一节由朱永恒编写，第二节由朱永恒、汪勇编写，第三节由朱永恒、汪勇编写；附录Ⅰ、Ⅱ、Ⅲ由汪青、刘新圣、姚有如编写，附录Ⅳ、Ⅴ由朱永恒编写。

在编写过程中，我们查阅了大量的文献资料，并引用了其中部分内容，在此向有关作者表示感谢。本书出版得到了安徽师范大学“地理科学”国家级一流本科专业建设点、安徽师范大学“地貌学”国家级一流本科课程、安徽师范大学“气象学与气候学”省级一流本科课程和安徽师范大学“地理科学”省级虚拟教研室等项目的经费资助，还得到了科学出版社周丹编辑的大力支持与协助，在此一并表示感谢。

本书虽然是修订版，但是由于编写团队水平有限，书中难免存在不妥之处，敬请读者不吝赐教。

胡春生

2025 年 8 月

目　　录

前言
第一章　庐山地区自然地理野外实习概况……1
　第一节　自然地理环境概况……1
　　一、位置与范围……1
　　二、地质与地貌……2
　　三、气候与水文……3
　　四、土壤与生物……3
　第二节　自然地理野外实习计划……3
　　一、实习目标……4
　　二、实习内容与线路……4
　　三、实习方法与工具……6
　　四、实习组织与注意事项……10
　第三节　自然地理野外实习总结与评价……12
　　一、实习汇报与答辩……12
　　二、实习报告……13
　　三、实习评价……14
第二章　庐山地区地貌野外实习……15
　第一节　地质地貌概况……15
　　一、地质背景……15
　　二、地貌类型……26
　第二节　地貌野外实习内容……30
　　一、实习目的与要求……30
　　二、实习方法与工具……31
　　三、实习基本内容……32
　　四、代表性观测点……45
　第三节　地貌野外实习总结……46
　　一、实习汇报建议选题……46
　　二、实习分报告建议提纲……46
第三章　庐山地区气象气候野外实习……48
　第一节　气象气候概况……48

一、气候特征……48
二、气象景观……57
第二节 气象气候野外实习内容……59
一、实习目的与要求……60
二、实习方法与工具……60
三、实习基本内容……61
四、代表性观测点……63
第三节 气象气候野外实习总结……65
一、实习汇报建议选题……65
二、实习分报告建议提纲……65
第四章 庐山地区水文水资源野外实习……67
第一节 水文水资源概况……67
一、水系分布特征……67
二、水环境状况……69
第二节 水文水资源野外实习内容……70
一、实习目的与要求……70
二、实习方法与工具……70
三、实习基本内容……71
四、代表性观测点……74
第三节 水文水资源野外实习总结……75
一、实习汇报建议选题……76
二、实习分报告建议提纲……76
第五章 庐山地区土壤地理野外实习……78
第一节 土壤地理概况……78
一、成土因素……78
二、成土过程……79
三、土壤类型……81
第二节 土壤地理野外实习内容……83
一、实习目的与要求……83
二、实习方法与工具……83
三、实习基本内容……84
四、代表性观测点……98
第三节 土壤地理野外实习总结……100
一、实习汇报建议选题……101
二、实习分报告建议提纲……101

第六章　庐山地区植物地理野外实习……103
第一节　植物地理概况……103
一、植物区系……103
二、植被类型……104
三、植被演替系列……107
第二节　植物地理野外实习内容……109
一、实习目的与要求……109
二、实习方法与工具……110
三、实习基本内容……110
四、代表性观测点……126
第三节　植物地理野外实习总结……127
一、实习汇报建议选题……127
二、实习分报告建议提纲……128
第七章　庐山地区动物地理野外实习……130
第一节　动物地理概况……130
一、动物区系……130
二、动物类型……130
第二节　动物地理野外实习内容……140
一、实习目的与要求……140
二、实习方法与工具……141
三、实习基本内容……141
四、代表性观测点……147
第三节　动物地理野外实习总结……149
一、实习汇报建议选题……149
二、实习分报告建议提纲……149
参考文献……151
附录Ⅰ　植物外部形态识别方法……154
附录Ⅱ　壳斗科、樟科、山茶科主要特征及分属检索表……165
附录Ⅲ　庐山地区主要植物种类野外识别方法……169
附录Ⅳ　常见鸟类野外鉴别方法……189
附录Ⅴ　土壤动物鉴别方法……192

第一章 庐山地区自然地理野外实习概况

“一山飞峙大江边，跃上葱茏四百旋”，这就是著名的庐山。庐山位于我国江西省北部，主峰汉阳峰海拔 1474 m，素有“匡庐奇秀甲天下”之美誉。庐山北枕滔滔长江，东偎浩瀚鄱阳湖，大江、大湖、大山浑然一体，雄奇险秀，刚柔并济，素以“雄、奇、险、秀”闻名于世，形成了世所罕见的“春如梦、夏如滴、秋如醉、冬如玉”的壮丽景观。1996 年庐山成为我国首批被列入世界文化遗产名录的风景名胜区，2004 年庐山入选首批世界地质公园名录。

庐山是一座集风景、文化、宗教、教育等为一体的千古名山。庐山风景秀丽、四季分明，奇峰、飞瀑、峡谷、密林、泉涌齐备。庐山人文历史源远流长，司马迁将庐山载入了《史记》，陶渊明在此开创了我国田园诗先风；慧远在此建东林寺，创立了净土宗；朱熹在此重建了白鹿洞书院，弘扬程朱理学；胡先骕等在此创建了我国第一个亚热带山地植物园；李四光以庐山为蓝本提出了第四纪冰川学说。

庐山位于我国南北过渡带上，属于亚热带季风区，气候温和、降水丰沛，并且山地垂直分异显著，可谓“一山有四季、十里不同天”，形成了独特的地质、地貌、气象、水文、土壤、植物、动物等自然地理景观，是我国南方地区开展自然地理野外实习的理想场所，目前全国有近百所高校在庐山建立了实习基地，开展野外实习工作。

第一节 自然地理环境概况

一、位置与范围

庐山位于江西省北部，九江市庐山市境内，处于长江中游和下游的交接地带，介于 29°26′N～29°41′N、115°52′E～116°8′ E 之间，山体面积 302 km^2，南北长约 29 km，东西宽约 16 km。其中，自然地理野外实习涉及庐山山体及其山前平原地带，因此称为庐山地区。其范围界定为北至九江市长江沿岸，南至庐山市温泉镇，东至庐山市星子镇，西至九江市莲花镇，包括庐山山体全部、九江平原东部局部和鄱阳湖平原西部局部（图 1-1）。该区山川秀丽、土地肥沃、资源丰富、物产丰富，是我国著名的旅游观光区和农业生产区。

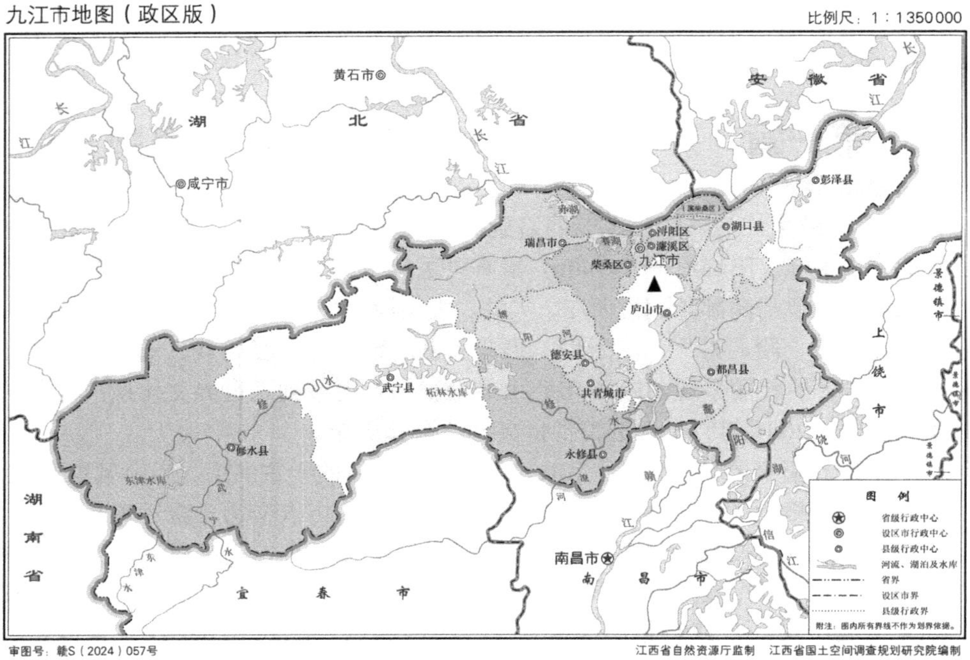

图 1-1 庐山地区位置示意图

图中▲代表庐山，原图下载于标准地图服务

二、地质与地貌

庐山地区构造上位于扬子板块东段，并且处于江南台背斜与下扬子拗陷两个次级构造单元的交接地带，具有较强的活动性。区内地层发育较齐全，褶皱、断裂构造较明显。庐山山体主要由中元古界双桥山群和新元古界南华系地层组成，并且地层在山体中部较老，向北东和南西两端急速收缩，表现为短轴复背斜构造特征。

庐山山体平面上呈纺锤形，走向为 NE-SW 向。庐山是我国东部地区典型的中山山地，拥有 18 座超过 1000 m 的山峰，主峰汉阳峰海拔 1474 m。庐山地势总体西北高、东南低，自山顶向山麓依次分布着中山、低山、丘陵、岗地、沿江或沿湖平原等多种地貌类型。自晚新生代第四纪中更新世以来，庐山的新构造运动十分明显，使庐山山体沿南北断裂带急剧上升，形成了如今的由断层崖环绕的地垒式断块山地貌。

三、气候与水文

庐山地区地处我国东部季风区，属于典型的亚热带季风湿润气候，既受到大范围大气环流的控制，又受到庐山与鄱阳湖的影响，并且气候具有山地气候特点。气候温和且垂直差异较大，牯岭镇年均气温11.9℃、滨湖区年均气温17.1～17.3℃、西部丘陵区年均气温17℃左右。降水丰沛但不均匀，庐山山上多于山下、山南多于山北，牯岭镇年降水量约2000 mm、滨湖区年降水量1360～1510 mm、西部丘陵区年降水量1210～1360 mm。庐山及湖滨多云雾，年均雾日约188 d。大风日数多、风速大，庐山冬季以偏北风为主，湖滨地区风沙作用较强，夏季盛行偏南风，有时出现龙卷风。

庐山地区的河流水系自成系统，一般以庐山为源头，最终流归四周江湖（长江、鄱阳湖），具备山地河流和降水补给型河流的一般特征。庐山山上河流往往循着构造线发育，干流多呈NE或SW流向，而其支流多呈NW或SE流向，形成格子状水系形态。庐山景区多在河流袭夺弯处筑坝蓄水成湖，用于调节用水、发电供电和旅游观光。

四、土壤与生物

庐山地区土壤类型较为丰富。亚热带季风湿润气候决定了该地区地带性土壤的类型，而庐山山地相对高差较大，发育形成了湿润型的山地土壤垂直带谱。同时，受到成土母质、地貌、水文、人工熟化等条件影响，局部地方发育形成了一些非地带性土壤以及人为土。庐山地区主要土壤类型有红壤、黄壤、山地黄壤、山地黄棕壤、山地棕壤等。此外，山上还零星分布着一些山地沼泽土和山地草甸土，山下江河、湖泊低平地带分布着草甸土，山麓、岗丘和江、湖平原区分布有人工熟化的水稻土，鄱阳湖边沙岭沙山分布有风沙土。

庐山地区自然地理环境复杂，生态环境多样，并且具有山地垂直分异现象，为多种多样的动植物提供了繁衍与栖息的场所。其中，在世界植物区系分区中，庐山地区植物属于泛北极植物区—中国-日本森林植物亚区—华东植物地区，区系组成上具有过渡性特征；在中国植被区划中，庐山地区属亚热带常绿阔叶林区域；在世界动物地理区划中，庐山地区动物地处东洋界的北缘，动物区系以东洋界物种为主。

第二节 自然地理野外实习计划

庐山地区虽然面积不大，但地质构造复杂，地质演化历史可以追溯到前震旦纪。该地区地壳运动较强烈，地貌类型齐全，山地气候独特，植物资源丰富，人类活动历史悠久，自然地理景观具有水平和垂直分异现象，因此为进行自然地理学野外实习提供了得天独厚的条件。

一、实习目标

庐山地区自然地理野外实习是在学生学习了部门自然地理学和综合自然地理学的基本理论、概念和知识的前提下，为贯彻理论联系实践的教学理念而开展的一次多学科综合性的野外教学活动。通过该野外实习，预期达到以下目标：

（1）培养学生掌握庐山地区自然地理要素的基本特征及相互关系，加深对所学自然地理学理论和知识的理解。

（2）培养学生掌握自然地理野外工作方法、技能和技巧，基本具备独立开展自然地理学教学与研究的能力和水平。

（3）培养学生具备在野外发现问题、分析问题和解决问题的能力和素质，具有地理学的整体观和时空观。

（4）培养学生的创新性意识和批判性思维，形成吃苦耐劳和团队协作的科学精神。

二、实习内容与线路

（一）实习内容

实习内容涵盖地质学、地貌学、气象学、气候学、水文学、土壤地理学、植物地理学和动物地理学等部门自然地理学以及综合自然地理学等学科内容。具体实习内容包括以下几个方面：

（1）通过对庐山地区自然地理现象的观测与分析，研究该地区地质、地貌、气象、气候、水文、土壤、生物等地理环境要素的基本特征及分布规律。

（2）运用理论知识去解释实际地理现象，将所学自然地理学理论知识与庐山地区自然地理实体和现象进行对照与分析，进而加深对所学理论知识的理解。

（3）分析庐山地区自然地理要素的分布特征与组合特征、各要素之间的相互作用关系，并分析自然地理要素所蕴含的地理环境意义。

（4）通过地图、遥感影像、地理实体三者的相互对照和印证，学会综合利用不同资料和数据解决实际问题的方法和原理，同时掌握野外工作的基本方法、技能和技巧。

（5）在野外实际观测和地图利用的基础上，对庐山地区自然资源进行调查和研究，并对其资源利用的合理性和环境影响进行评价，为庐山地区可持续发展提出规划和建议。

（二）实习线路

为了全面掌握实习区域的自然地理信息，野外实习根据实习目标和内容，基于“完整性与典型性相结合”“定点观测与路线观测相结合”的原则，以庐山牯岭镇实习基地为中心，共设计了以下9条典型实习线路（图1-2）：

（1）牯岭镇—鄱阳湖畔—沙岭沙山—秀峰—白鹿洞书院。

（2）牯岭镇—庐山气象站—松树路—月照松林。

（3）牯岭镇—西谷—飞来石—如琴湖—花径—天桥—锦绣谷—仙人洞。

（4）牯岭镇—东谷—庐山大厦—回龙路—芦林湖—黄龙寺—黄龙潭—乌龙潭—电站大坝。

（5）牯岭镇—电站大坝—神龙宫路—悬索桥—石门涧—龙首崖—大天池—阳明路。

（6）牯岭镇—剪刀峡—望江亭—小天池—王家坡—莲花谷—日照峰。

（7）牯岭镇—脂红路—天狗洞—庐山植物园—含鄱口—太乙峰—犁头尖。

（8）牯岭镇—汉口峡—女儿城—大月山水库—大校场—大月山。

（9）牯岭镇—大月山—七里冲—蚱蜢岭—五老峰—青莲寺—三叠泉。

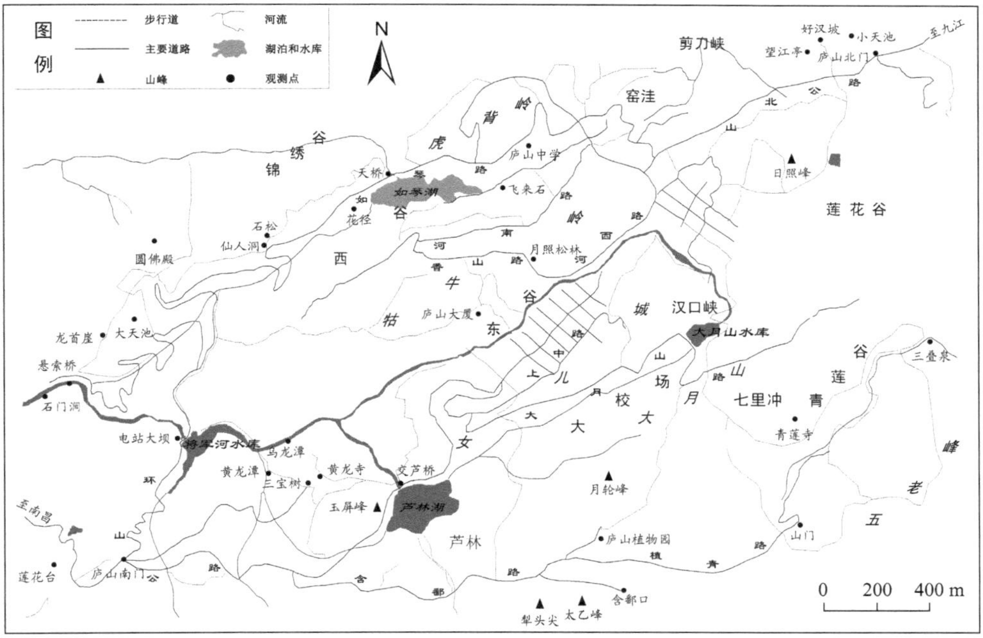

图1-2　庐山地区自然地理野外实习线路及其观测点

三、实习方法与工具

（一）实习方法

1. 地图选择和使用

野外实习需要了解掌握实习区域的自然地理概况，选择和使用地图是最简便的方法。地图是以图形的形式直观地表示自然和人文客观事物的一种媒介，可分为普通地图和专题地图。前者全面地标识地表事物，包括境界线、交通网、居民点、水系、植被、地形等要素，具有普遍的应用价值，如地形图；后者则是在地理底图上突出而详细地表示一种或几种与主题相关的专题要素，如地质图、植被图等。

地形图是野外实习最不可缺少的地图工具，可提供海拔、地势起伏、岭谷分布、交通、聚落等地理信息。地质图、植被图、土壤图、旅游图、交通图、行政区划图等专题地图也是重要的实习地图资料。

1）地形图的选择与使用

野外工作最常采用的地形图比例尺为 1∶100000～1∶10000，而野外详查一般采用的地形图比例尺为 1∶10000～1∶5000。考虑到庐山地区自然地理野外实习的实际需要，我们采用比例尺为 1∶50000 的地形图。

（1）野外定向。

在野外使用地形图时，需要做到地形图的方位与实地方位一致，常用的方法是借助罗盘或根据地物确定方位。第一种方法是根据磁子午线定向，地形图的南北图框上，常注有 P′（磁北）和 P（磁南）两点，将罗盘的 NS（北南）线与 P′P 重合，再转动地形图，当罗盘指北针指北时，即已完成地形图定向；第二种方法是依据真子午线定向，将罗盘的南北线与东（或西）图框重合，再转动地形图，按图下方的三北方向图所注磁偏角数值，使磁北针指向相应的分划；第三种方法是依据坐标纵线定向，该方法与前两种相似，依据坐标纵线与磁子午线间的夹角，确定磁北针的指向；第四种方法是依据地物、地貌定向，该方法首先在实地找到与图上相对应的具有方位意义的明显地物（或地貌），然后在站立点转动地图，当图上的两个或两个以上的地物与实地对应的地物的方位一致时，即完成了概略定向。

（2）野外定点。

在地形图上确定观测者的位置，是野外用图和填图的一个重要前提。最简单的概略定点的办法是根据图上和实地明显的地物或地貌的对应关系，确定位置和方位。

（3）实地沿途对照。

在进行路线观测时，应手持地形图，随时对照实地地貌、地物的变化，估算行进的方向、速度和距离，确定自己在途中的位置，判定自己在图上的位置，并标出自己行进的线路。

（4）野外填图。

在野外把实习调查的内容，按规范的地图符号或文字标绘在地形图上的方法，称为野外填图。在野外填图时，可以直接绘在地形图上，也可以绘在蒙在地形图上面的透明纸上。

2）其他专题地图的选择与使用

在野外实习过程中，主要运用的专题地图有地质图、地形图、植被图、土壤图等。其中，地质图用于呈现庐山地区地层分布、断裂分布、地质构造类型等信息；植被图用于展现庐山地区植被分布现状并用于分析植被分布与人类活动的关系；土壤图用于反映庐山地区土壤分布现状并分析其与地貌、植被等地理因子之间的联系。

2. 路线观测和定点观测

对于任何一个地区的自然地理野外实习，通常都是依据精心设计的纵向和横向的实习线路开展路线观测，以掌握自然地理环境的基本情况；同时在各条实习线路上的典型观测点进行定点观测，对观测内容进行详细记录与描述，从而获得观测数据与认识，最终实现对实习区域比较全面的认识。

1）路线观测方法

（1）穿越观测法。

穿越观测法也称为横向布置法，其选择的实习线路需垂直于区域构造线方向或自然地理要素的延伸方向。该法可以在较短的距离内，用较少的时间，比较完整地观测所出露的岩层、各种典型构造现象、典型岭谷形态、土壤的类型变化、植被类型分布等。需要强调的是，该方法应该尽可能通过实习区域的制高点或低点，以便俯瞰或瞭望区域自然地理要素，进而掌握全区的大势。

（2）追索观测法。

追索观测法也称为纵向布置法，其所选择的实习线路需沿着区域构造线方向或自然地理要素的延伸方向。该方法多适用于追索地层走向和层位、山岭谷地纵向变化及起伏情况，同一种土壤类型、植被的延续与间断特征和规律，进而确定其分布界限和范围。同时，该方法应该尽量选择岩层出露好、地貌形态典型、土壤及植被分布具代表性，且经过风口、气温差异大、交通条件便利的实习线路进行观测。

2）定点观测方法

（1）观测点选择原则。

基于观测点进行详细的观测和描述是自然地理野外实习的主要工作，因此野外需要选择合适的观测点并遵循一定的原则。首先，观测点应便于有效地观测和测度各种地貌、气象气候、水文、土壤、动植物等现象；其次，观测点地势应该较高或较低，具有典型性，并且地形开阔平坦，便于野外观察和工作；最后，根据实习工作要求和规范决定合适的观测点疏密程度。

（2）观测点标定与描述。

在野外实习中，为了确定和勾绘各种地貌界线、土壤和植被分布范围线、自然地理要素空间位置、风向风速测度点、气温和气压测度点、样品（植物、土壤、岩石、水）采集点等，需要先将观测点的位置标定在地形图上。

观测点的位置标定后，需要对观测点按顺序进行系统编号和描述。观测点的系统编号，可以使原始观测资料条理化，便于后期整理、查阅、分析和研究；观测点的描述是获得野外实习第一手原始资料的基本方法，对实习效果至关重要，因此需要对在观测点所获得的观测数据、事实形态、基本认识进行详细的描述和记录。

3. 观测资料整理与分析

野外观测资料（包括数据）的整理与分析一般分为两个步骤，即资料整理和资料分析。资料整理是指对野外实习中所获得的第一手观测资料进行检验、归类编码和数字编码的过程。资料分析则是指用适当的分析方法对所获得的大量资料进行分析，提取有用信息并形成结论的过程。

1）资料整理方法

资料整理是对野外实习所获得的第一手观测资料进行的“去伪存真、去粗取精”的过程，从而提高观测资料的可靠性和典型性。资料整理是从野外观测阶段到室内分析阶段的中间环节。

（1）审核。

资料审核是对野外所获得的第一手观测资料进行审查和核实，消除资料中可能存在的短缺、重复、虚假等现象，从而保证野外资料的完整、简洁、真实，为进一步加工整理野外观测资料奠定基础。例如，可根据多个实习小组的土壤剖面观测资料，整理出庐山地区典型土壤的剖面信息资料。

（2）分类。

资料分类是根据各个自然地理要素及其异同点对已经审核后的观测资料进行分门别类，从而将各种观测资料区分为具有一定从属关系的系统。首先，根据自然地理要素将资料分成要素大类，如土壤类、气象类、水文类等；其次，根据各个要素的相同点将观测资料归为较大的类，如山地黄棕壤类、山地棕壤类等；最后，根据各个地理要素的不同点将观测资料归为较小的类，如样品类、描述类、数据类等。

（3）汇总。

资料汇总是对上述已经分类的观测资料按照一定的逻辑结构进行编排。其中，观测资料的大、小类要求层次分明、井井有条、标注清晰，能够完整且系统地反映庐山地区各个自然地理要素的概况。

2）资料分析方法

资料分析是运用一定的分析方法对野外实习所获得的观测资料进行定性与定量分析，总结与归纳庐山地区自然地理环境及其自然地理要素的基本特征与发生规律，揭示庐山地区自然地理环境形成演化过程及其影响因素。

定性分析与定量分析应该是统一的，相互补充的。定性分析是定量分析的基本前提，没有定性的定量是一种盲目的、毫无价值的定量。定量分析使定性分析更加科学、准确，它可以促使定性分析得出广泛而深入的结论。事实上，二者相辅相成，定性是定量的依据，定量是定性的具体化，二者结合起来灵活运用才能取得最佳效果。

（1）定性分析。

定性分析是依据研究者主观判断分析能力，推断出分析对象的性质、特点、发展变化规律的一种分析方法。定性分析可以充分发挥研究人员的以往经验和判断能力，但其分析结果准确性较差。该方法一般是在缺乏完整而准确的资料的前提下，根据过去所积累的经验进行分析判断并提出初步认识，因此这种方法主观性较大，往往需要通过一定的定量分析工作加以修正和补充。

（2）定量分析。

定量分析是依据观测资料，通过建立数学模型，计算出分析对象的各项指标及其数值的一种分析方法。定量分析一般具有实证性、明确性、客观性等特点，其分析结果常用“数量”加以描述。该分析方法比较强调地理现象的客观性及可观察性，强调现象之间及其与各个变量之间的相互关系和因果联系，要求研究者在分析中努力做到客观性和伦理中立。定量分析可以是对一个研究对象所包含成分的数量关系的分析，也可以是对几个对象的某些性质、特征、相互关系从数量上进行的分析比较。

（二）实习工具

庐山地区自然地理野外实习用到的工具主要涉及地貌、气象、水文、土壤、植物、动物等方面，将在后续章节进行详细介绍，在此不再赘述。

四、实习组织与注意事项

（一）实习组织

庐山地区自然地理野外实习是一次涉及多个部门自然地理学的综合性实习。对于实习师生而言，该实习是一个内容多、任务重、时间短、强度高的教学和学习过程，因此需要统筹安排，精心组织。

1. 前期准备阶段

在前期准备阶段，实习指导教师介绍实习概况和内容，组织学生研读实习指导书，明确野外实习目的，指导学生制作野外调查所需的各种图件和实习工具，并进行实习地区地形图、遥感图等的初步分析研究。

1）实习动员

实习动员主要由学院分管领导、实习队长分别介绍和说明庐山地区自然地理野外实习的目的和要求、内容和线路、日程安排、组织形式以及实习纪律等事项。

2）专题辅导

专题辅导主要由实习指导教师分别介绍庐山地区自然地理基本概况、各个自然地理要素的基本特征，使学生对庐山地区自然地理环境形成一个基本认识。

3）材料准备

材料准备主要包括庐山地区自然地理野外实习过程中常用的测量仪器和工具、实习图件（地质图、地形图、遥感图等）、实习耗材（样品袋、标本盒、纸张等）及急救包等。

4）身心准备

庐山地区自然地理野外实习绝不是游山玩水或旅游观光，而是一项涉及跋山涉水的艰苦教学工作。学生既要有健康的身体素质，又要有端正的学习态度，才能有效地参与这项野外实践教学活动。

2. 野外实习阶段

在野外实习阶段，实习指导教师和实习班级临时组成庐山实习队。实习队设队长、副队长各 1 名，分别由指导教师和实习班级辅导员担任，队长负责统筹野外阶段的教学工作，副队长负责保障野外阶段的生活和安全工作，实习班级的班长、团支部书记、课代表作为实习助理，协助指导教师和辅导员开展工作。

实习班级分成若干个实习小组，每小组 10 人左右，设组长 1 名，负责该小组的学习、分工、生活等一切事务。在野外实习过程中，采取“提出问题—分组讨论—归纳总结”模式开展野外实践教学（图 1-3）。实习指导教师带领学生进行路线考察，在观测点进行讲解和提问，组织学生以小组为单位进行讨论和总结，并指导实习小组进行全面、详细、准确地野外调查和观测；实习小组进行分工协作，采集岩石、植物、土壤、水体等标本，做记录、画草图、拍照片，并进行初步的分析与研究。

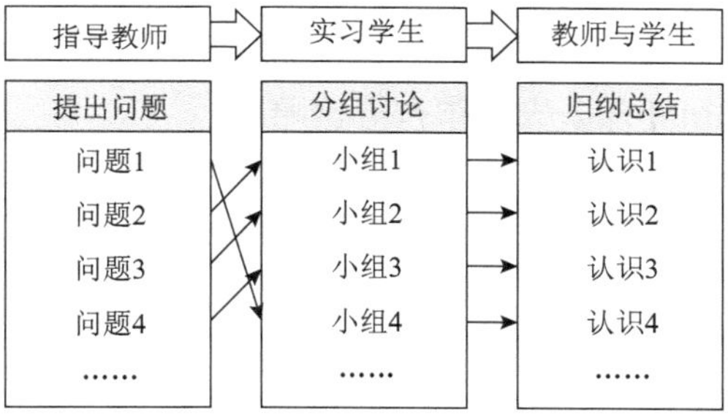

图 1-3 “提出问题—分组讨论—归纳总结”的野外实践教学模式

（二）实习注意事项

野外实习是整个教学活动中一个重要的环节，是教学过程的一部分，必须按照教学计划及教学内容严格执行和组织教学。在形式上，野外教学与理论教学不同，但要求是一样的。指导教师既要讲授和解释实际的地理物体和现象的外部表现、物质组成、发生发展过程、特征标志、学术研究成果等，还要引导和启发学生观察、讨论、分析地理物体和现象，调动和激发学生的积极性、能动性和创造性，进而完成野外教学任务，达到教学目的。

为了保证野外教学质量和保障实习师生人身安全，野外实习必须在严明的组织纪律下进行，需要制定和不断完善组织纪律要求，并且严格告知、随时提醒、细心观察、灵活处理。具体野外注意事项如下：

（1）实习师生应该团结友爱、互帮互助，具备吃苦耐劳、艰苦奋斗、不畏困难、求真务实的精神，展现实习团队的优良形象。

（2）实习师生应该严守时间观念，按时按质按量完成实习任务，每天按时就餐、集合、出发、休息，学生每天及时整理实习记录和标本，按时提交作业。

（3）实习学生应该认真聆听指导教师的介绍和讲解，积极主动、勤于动手、善于思考、多提问题，努力做到腿勤、手勤、眼勤、脑勤、口勤。

（4）实习师生应该爱护景区自然景观和公共财物，不得随意涂写、敲打、刻划，不得随意采摘一草一木，不得随意在庙宇、宫观等建筑物内嬉戏、打闹、拍照。

（5）实习师生严禁参加攀登悬崖峭壁、涉水游泳等危险性活动，严禁出入酒吧、舞厅、网吧等娱乐性场所。

（6）实习学生不得随意离开实习队伍，遇事必须先向指导教师或辅导员请假，获得允许后方能暂时离开，并且需要至少 3 人同行。

（7）实习师生应该讲文明、重礼貌，尊重当地风俗民情，不得发生嘲笑、辱骂、打架等不文明行为，见义勇为者除外。

（8）实习师生所携带的一切个人和学校的物品均需要妥善保管，学校物品不得损坏、丢失，无故损坏或丢失者须按等价赔偿。

（9）野外如果遇到突发事件，实习师生应该严格遵守学校、当地政府的相关政策和规定，服从统一安排，并做好个人防护和团队防护。

第三节　自然地理野外实习总结与评价

自然地理野外实习是一次综合性的野外实践教学活动，存在理论联系实际、实际上升理论的双向反馈过程，需要及时开展实习总结与评价工作。其中，实习总结包括汇报与答辩和实习报告等环节，借此增强学生对庐山地区自然地理现象发生发展规律的综合性认识，并培养学生解决实际问题的能力。

一、实习汇报与答辩

实习汇报与答辩是庐山野外实习的高潮环节。该环节以实习小组为单位，并采取“确定选题—汇报展示—提问与答辩”模式开展小组总结汇报（图 1-4）。首先，实习指导教师提供总结汇报的建议选题，各实习小组也可以通过与指导教师讨论确定选题；其次，各实习小组根据汇报选题分工协作，进行资料收集、实习内容总结、图件绘制等工作，并制作成汇报文档；最后，各实习小组分别向全体实习指导老师和同学进行现场汇报，并对来自老师和同学的问题进行答辩，总结出一般性规律。在此过程中，实习指导教师会根据小组总结汇报与答辩情况，对各实习小组进行成绩评定。

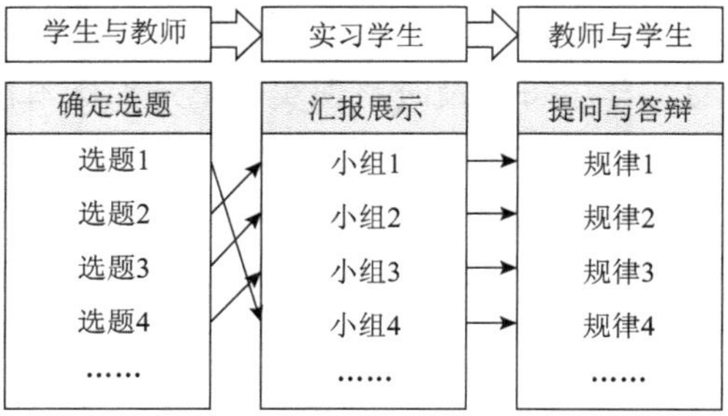

图 1-4　“确定选题—汇报展示—提问与答辩”的汇报与答辩模式

二、实习报告

实习报告是庐山地区野外实习的升华环节。实习报告既是对野外实习工作综合性的总结、分析和研究，也是对学生知识、能力和素质全方位的考核和培养。在野外实习过程中，实习学生沿实习线路或观测点所获得的知识往往是零散的、不连续的和不系统的，这不利于学生对庐山地区自然地理环境形成整体认识。而在实习报告撰写过程中，实习学生需要将野外的“所见”“所闻”“所学”“所思”加以提炼和升华，最终总结得出庐山地区自然地理环境发生发展的基本特征和一般规律，有助于加深对所学知识的理解和对野外工作方法、能力和素质的综合培养。

实习报告是每位学生必须完成的实习工作。同时，建议学生结合兴趣针对单个自然地理要素撰写分报告，作为庐山地区野外实习报告的附件。

野外实习报告是庐山地区野外实习内容图文并茂的全面总结、分析和成果的展示，报告篇幅建议 1 万字左右。实习报告的内容一般应包括前言、正文和参考文献。

（1）前言

主要包括野外实习的时间、地点、人员、方式，实习目的、内容、完成情况等。

（2）正文

第一章　实习区域概况

主要包括庐山地区地理位置、自然地理概况和社会经济概况等。

第二章　地貌分析

主要包括分析庐山地区地貌特征。

第三章　气象气候分析

主要包括分析庐山地区气象气候特征。

第四章　水文水资源分析

主要包括分析庐山地区水文水资源特征。

第五章　土壤地理分析

主要包括分析庐山地区土壤地理特征。

第六章　植物地理分析

主要包括分析庐山地区植物地理特征。

第七章　动物地理分析

主要包括分析庐山地区动物地理特征。

第八章　综合自然地理分析

主要包括分析庐山地区自然地理环境的整体性和差异性。

第九章　结论和感悟

主要包括野外实习的主要结论、参加实习的心得体会和对实习工作的建议等。

（3）参考文献：主要包括实习报告撰写过程中所参考引用的书籍、论文、报刊、网页等资料。

三、实习评价

为了使野外实习评价结果客观、准确和全面，我们经过多年的摸索、实践和总结，基于学生的实习表现、总结汇报、实习记录和实习报告 4 个方面，构建了野外实习成绩评定的指标体系，并建立了庐山地区自然地理野外实习成绩评定方案。在该评定方案中，野外实习成绩（S）共包含 4 个一级指标、17 个二级指标（表 1-1）。其中，实习表现（S_1）包括 4 个二级指标，占实习成绩的 10%；总结汇报（S_2）包括 5 个二级指标，占实习成绩的 30%；实习记录（S_3）包括 4 个二级指标，占实习成绩的 30%；实习报告（S_4）包括 4 个二级指标，占实习成绩的 30%。

表 1-1　自然地理野外实习成绩评定方案

指标	一级指标	比重/%	二级指标	分值/分	实习小组评价	辅导员评价	指导教师评价
野外实习成绩 S	实习表现 S_1	10	实习态度 S_{11}	25		√	√
			积极性与主动性 S_{12}	25		√	√
			纪律与团队意识 S_{13}	25		√	√
			吃苦耐劳精神 S_{14}	25		√	√
	总结汇报 S_2	30	汇报情况 S_{21}	15	√		√
			答辩情况 S_{22}	15	√		√
			专业能力和素养 S_{23}	40	√		√
			批判性思维 S_{24}	15	√		√
			创新性意识 S_{25}	15	√		√
	实习记录 S_3	30	完整性与规范性 S_{31}	25			√
			仪器操作水平 S_{32}	25			√
			地理观测能力 S_{33}	25			√
			地理绘图能力 S_{34}	25			√
	实习报告 S_4	30	选题创新性 S_{41}	15			√
			论述逻辑性 S_{42}	15			√
			分析能力 S_{43}	40			√
			综合能力 S_{44}	30			√

同时，为了克服传统成绩评定中评价主体单一的问题，评价主体由实习小组评价、辅导员评价和指导教师评价三部分组成。实践表明该成绩评定方案既体现了过程、又强调了结果，充分调动了学生野外实习的积极性，并且显著提升了野外实习的效果。

第二章　庐山地区地貌野外实习

庐山地区范围不大，区域地层比较齐全、构造明显、新构造运动强烈、第四纪堆积物比较发育，同时该区地貌类型多样，而且分布比较集中，是比较理想的地貌学野外实习场所。本章主要从地质地貌概况、地貌野外实习内容、地貌野外实习总结三个部分进行阐述。

第一节　地质地貌概况

地貌的发育与演化深受岩性、构造（其中新构造运动尤为重要）、外营力和时间等因素的影响。庐山地区作为地貌实习研究的典型地区之一，其地貌发育深受区域地质构造的影响，并带有强烈的地质构造烙印。通过研究庐山地区地貌亦可以反映其地质构造演化特征。

一、地质背景

庐山地区所处的大地构造位置，系属中国扬子板块东段“彭（山）庐（山）九岭地体”范围内，位于江南台背斜与下扬子拗陷的交接地带（图 2-1），具有较强的活动性；主体褶皱为庐山复背斜，总体轴向为 NE-SW。区内地层发育较齐全，构造明显，展现出了地壳变化的主要过程。

（一）地层

庐山地区在地层分布方面，沉积岩除三叠系、侏罗系外，其他各纪地层均有出露（图 2-2）。前震旦系双桥山群组成该区古老褶皱基底，震旦系、寒武系分布于北部和山麓地带，志留系广泛出露于山麓外围，泥盆系至白垩系发育不全，面积很小，第四系分布普遍。

岩浆岩主要分布于南部、东部山麓和平原地区。汉阳峰岩石为酸性喷发变斑流纹岩；海会寺、秀峰寺、狮子山等地岩石为中酸性花岗岩类侵入岩，呈岩株、岩墙或岩脉产出。庐山的西南部，后期的岩浆作用引起混合岩化，形成混合岩（泥质砂岩中夹有火山凝灰岩、流纹岩），南山公路两侧有此类岩石出露。

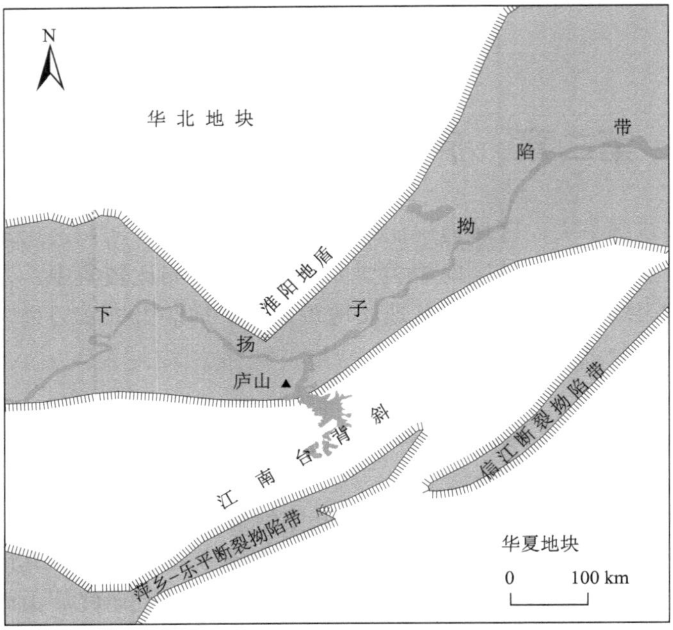

图 2-1　庐山地区所处大地构造单元示意图

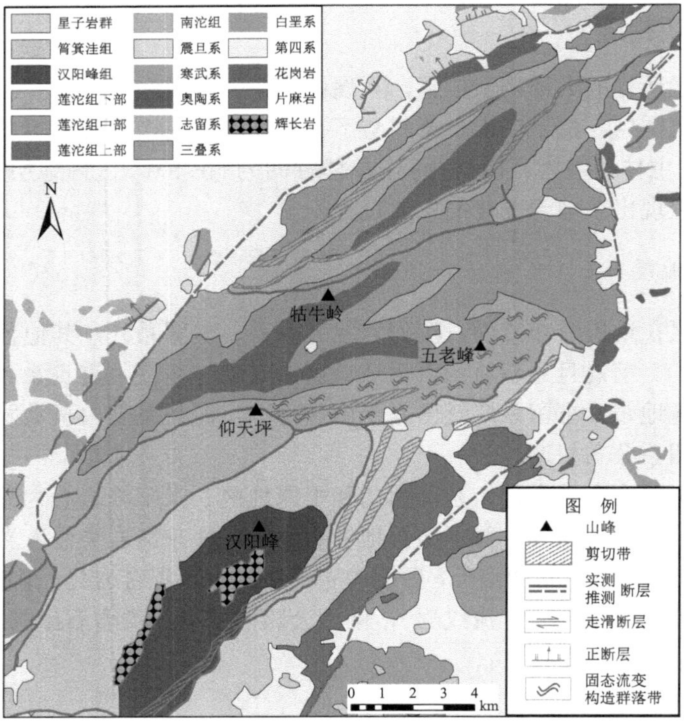

扫一扫，看彩图

图 2-2　庐山地区地层分布简图

1. 古元古界星子岩群

星子岩群（Pt_1X）是一大套角闪岩相中的深变质岩系。依据对栖贤寺剖面及归宗剖面的研究结果，可初步划分为两大套岩石组合，下部以片岩为主，夹变粒岩及少许斜长角闪岩，上部以变粒岩为主夹片岩及少许斜长角闪岩。岩石 U-Pb 年龄为 1893～2180 Ma，属于古元古代，地层总厚度大于 2500 m，主要分布在大排岭、海会寺、白鹿洞书院、栖贤寺、渭山岭、秀峰、红山洼、归宗、温泉、隘口、大华山一带。

星子岩群中的斜长角闪岩原岩为海相基性火山熔岩，经对其岩石化学的系统分析研究，其古构造环境的变质温度为 530～600℃、压力为 400～570 MPa，推测其曾深埋于 15～21 km。

2. 中元古界双桥山群

双桥山群（Pt_2S）形成于 1800～1000 Ma 前的中元古代，在庐山地区南侧外缘有大面积分布。该地层是一套厚达 5500 m 以上的浅变质岩系，原岩为海相砂页岩互层，具复理石韵律。下部以薄复理石韵律为主，夹少量钙质板岩及细碧岩。中部为厚复理石韵律，杂砂岩比例相对较高。上部以薄复理石韵律为主，灰黑色板岩比例较高。

3. 新元古界庐山垄群

庐山垄群（Pt_3L）形成于新元古代青白口纪，分为下统筲箕洼组（Pt_3L_1s）和上统汉阳峰组（Pt_3L_2h）。

1）下统筲箕洼组

该组下部以浊流复理石砂板岩互层为主，沉凝灰岩、火山碎屑杂砂岩中，普遍具粒序层理，其中常有黑色板岩棱角状冲刷团块，局部见有火焰状冲刷构造。在自然保护区外围见有一套数百米厚的紫红色浊积岩或等积岩，是一个重要的标志层，具有区域对比意义。

2）上统汉阳峰组

该组地层仅在汉阳峰至猿人岭一带有分布，是一套陆相火山岩，与下伏地层呈角度不整合接触。这套陆相火山岩，是碰撞造山作用过程中的产物。

4. 新元古界南华系

新元古界南华系（Nh）由下统莲沱组（Nh_1l）和上统南沱（冰碛岩）组（Nh_2n）组成。

1）莲沱组

该组地层主要分布在庐山地区北部山体，出露面积约 55 km^2，厚度达 913 m，和前南华系呈不整合接触。该组按照岩性特征自下而上可划分为三段。

下段（Nh_1l_1）：为含火山碎屑的片麻状含砾石英岩，偶夹石英片岩、砂砾岩、砂岩、薄层页岩及含砾长石石英砂岩，称为五老峰砂岩。本段局部有千枚岩或千枚岩化粉砂岩，厚约 900 m。

中段（Nh_1l_2）：又可分为上、下两部分，上部（$Nh_1l_2^2$）为含砾石英砂岩、石英砂岩，称为女儿城砂岩，具有变余构造，厚约 30 m；下部（$Nh_1l_2^1$）为长石石英砂岩，局部有轻度变质现象，厚约 110 m。本段底部常有一层砾岩。

上段（Nh_1l_3）：为长石石英砂岩、凝灰质砂岩及凝灰岩，间夹砂砾岩、石英砂岩及页岩，有轻度变质现象，厚度超过 300 m。本段顶部常有一层石英细砂岩。

2）南沱组

该组地层主要分布于蔡家岭一带，厚 15～35 m，岩性主要为灰黑色含砾泥岩、砂砾岩，夹少量凝灰岩、页岩及绢云母板岩，砾石成分杂，大小悬殊无分选，最大砾石直径仅 22 cm，有水平纹理，具滨海浮冰沉碛特色，与莲沱组假整合接触。其代表了本区有证据可查的最古老冰期。

5. 新元古界震旦系

新元古界震旦系（Z）主要分布在庐山山麓地带，分为下统陡山沱组（Z_2d）和上统皮园村组（Z_2p）。

1）陡山沱组

该组地层分布在庐山的山麓地带，厚度大于 151 m。其岩性为灰黑色含碳页岩与硅质页岩交互成层，具微细水平层理，属陆表海相。

2）皮园村组

该组地层分布范围与下统相似，厚 220～280 m，为黑色中薄层硅质岩，具水平层理。其沉积环境应属浅海相。过去曾将没有细分的这一套新元古界震旦系地层统称为西峰寺组（群）（$Z_{1\text{-}2}X$）。

6. 下古生界寒武系

下古生界寒武系（€）主要分布在庐山山麓边部地带，由于受滑脱断层破坏，地层出露不齐全，在区域内总厚度大于 823 m。自下而上可划分为王音铺组（$€_1w$）、观音堂组（$€_1g$）和乌石门组（$€_{2\text{-}3}w$）。

1）王音铺组

该组地层主要为黑色碳质页岩夹薄层硅质岩。地层厚度 171 m，属浅海相沉积，产海绵骨针动物化石，属早寒武世，与下伏地层呈连续过渡沉积。

2）观音堂组

该组地层主要为黄绿色粉砂质页岩，以含绢云母碎片为特色，产三叶虫动物化石，属早寒武世浅海陆棚相沉积，地层厚度 114 m。

3）乌石门组

该组地层下部为灰黑色白云质灰岩及泥晶灰岩，上部为灰色条带状泥质灰岩夹微晶灰岩及碳质页岩。地层厚度大于 169 m，属浅海台地相沉积。产 *Ptychagnostus*、*Triplagnostas* 海相动物化石。

7. 下古生界奥陶系

由于受后期断层的破坏，下古生界奥陶系（O）仅在高垄及南城一带出露。区域内地层总厚 850～1200 m，自下而上分为仑山组（O_1l）、汤山组及汤头组（O_2t）。

1）仑山组

该组地层为灰白色巨厚层状白云质灰岩，质地较纯，厚度大于 260 m，属早奥陶世碳酸盐潮坪相沉积。

2）汤山组及汤头组

该组地层仅在高垄有分布，为紫红色网纹状泥质灰岩，地层厚度为 56 m，产少量海相动物化石，属中晚奥陶世碳酸盐潮坪相沉积。

8. 下古生界志留系

下古生界志留系（S）主要分布于庐山周边地带，直至鄱阳湖滨。地层总厚度达 2350 m，自下而上依次划分为梨树窝组（S_1l）、殿背组（S_2d）、清水组（S_2q）、夏家桥组（S_2x）和西坑组（S_3x）。

1）梨树窝组

该组地层为灰黑色含碳页岩，产周佳笔石（*Glyptograptus* sp.）、栅笔石（*Climacograptus* sp.）等海相动物化石，属早志留世浅海台地相沉积，与下伏地层呈整合接触。地层厚度大于 150 m。

2）殿背组

该组地层岩性以黄绿色页岩、砂质页岩为主，次为粉砂岩、泥质粉砂岩、细砂岩；厚 336.5 m；产 *Monograptus* 及苔藓虫、海百合茎等动物化石，属早志留世滨海潮坪相沉积。

3）清水组

该组地层为紫红色夹黄绿色细砂岩、岩屑粉砂岩、泥质粉砂岩、岩屑砂岩及石英细砂岩，产 *Lingaladiprafi*、*Lingulella* 等动物化石，属早志留世滨海潮坪相沉积，厚约 413 m。

4）夏家桥组

该组地层为深灰色砂质、粉砂质泥岩，夹三层薄层状生物碎屑风暴岩，粉砂岩中具鱼鳞状波痕及大量虫迹，产丰富的门类众多的海相动物化石（三叶虫、腕足类、斧足类、瓣腮类、虾形动物），属中志留世滨海泥滩潮坪相沉积，厚约164 m。

5）西坑组

该组地层以杂色泥质砂岩、岩屑砂岩为主，夹粉砂岩及泥岩，具交错斜层理，产少许动物化石，属晚志留世滨海三角洲相沉积，厚约545 m。

9. 上古生界泥盆系

上古生界泥盆系（D）仅上统五通组（D_3w）零星出露于庐山东侧蜈蚣岭一带，与志留系假整合。五通组岩性为灰白色、紫红色石英砂岩、砂砾岩夹砂页岩，其中产亚鳞木、薄皮木等植物化石，陆相或滨海相（有争议）沉积，厚度300 m以上。

10. 上古生界石炭系

上古生界石炭系（C）在本区出露少，仅分布于鄱阳湖区鞋山、蛤蟆石等地，为一套浅海相沉积，与泥盆系假整合接触。地层自下而上划分为黄龙组（C_2h）和船山组（C_2c）。

1）黄龙组

该组地层为浅灰色、肉红色厚层状灰岩、白云岩、白云质灰岩，厚约60 m，盛产蜓类化石。

2）船山组

该组地层为灰白色、肉红色生物碎屑灰岩，产麦粒蜓化石，厚约50 m。

11. 上古生界二叠系

上古生界二叠系（P）仅分布于沙河一带，为一套浅海相沉积，与石炭系假整合。地层自下而上划分为栖霞组（P_1q）和茅口组（P_1m）。

1）栖霞组

该组地层由深灰至灰黑色灰岩、沥青质灰岩夹燧石结核团块或条带组成，产米氏蜓及多壁珊瑚化石，厚180～300 m。

2）茅口组

该组地层为灰白至深灰色灰岩夹燧石结核组成，产蜓及珊瑚化石，厚近300 m。

12. 中生界白垩系

在古鄱阳湖地区，白垩系（K）上统南雄组（K_2n）内陆湖泊相红层厚达3600 m。鄱阳湖滨仅见有一套厚度大于100 m的山麓洪积相紫红色沉积角砾岩。

13. 新生界古近系

新生界古近系（E）分布在庐山西北麓的西林寺之西北地带，以砖红色中-厚层状含砾岩屑粗粉砂岩与含钙岩屑粗粉砂岩互层为主，夹薄层杂砂岩及泥岩，具块状及水平层理，应属内陆湖泊相沉积。地层厚度超过1500 m，与下伏的晚白垩纪地层为连续沉积。

14. 新生界第四系

庐山地区新生界第四系（Q）松散堆积物比较发育，自下而上可依次划分如下。

1）大排岭期泥砾层

该层出露海拔为284 m，目前能确定层位的仅大排岭一处。泥砾外貌呈紫红色，砾石大小混杂无分选，最大砾石直径达7.23 m，一般为0.5～1 m。大排岭泥砾层厚5～12 m，不整合于古元古界星子岩群云母片岩之上，使片岩产生表皮构造。大排岭泥砾形成于早更新世早期。

2）大排岭-鄱阳间冰期残积红土层

该层在金定山的鄱阳期泥砾底下见有厚度不详的残积红土层，推测形成时代为早更新世大排岭-鄱阳间冰期。

3）鄱阳期泥砾层

该层在鄱阳湖滨的金定山、大岭、长岭一带有分布。出露的最高海拔为193 m。泥砾层的成分、结构构造与大排岭期泥砾较为相似，厚约9.5 m，最大砾石直径达7.5 m。其砾石皆来源于10～12 km之外的庐山山地。鄱阳期泥砾层形成于早更新世。

4）鄱阳-大姑间冰期的残积红土层

该层在庐山西侧的赛阳及东侧的马头镇见有出露，被中更新世大姑间冰期泥砾覆盖其上，为棕红色条纹状亚砂质粉土。

5）大姑期泥砾层

该层在庐山下分布范围较广，直至鄱阳湖滨及九江市郊。泥砾层厚3～9.8 m。出露最高海拔为150 m。砾石成分以来自庐山上的南华纪砂砾岩、石英岩为主。绝大多数砾石呈半浑圆状及次棱角状。最大砾石直径为3.2 m，一般为0.2～0.7 m，砾石杂乱无分选。经古地磁资料测算对比，大姑间冰期泥砾形成于中更新世早期。

6）大姑-庐山间冰期的网纹红土层

该层为中更新世晚期的网纹红土层，厚约 4.5 m，分布范围甚广，岩性较为稳定，是一个区域性的标志层。

7）庐山期泥砾层

该层仅在庐山上海拔为 1050 m 的大校场谷口等地有出露，为黄红色至灰白色泥砾层，砾石与砂泥互相混杂无分选，最大砾石直径约 3.5 m，砾石呈次浑圆状或棱角状，泥砾层厚 2.5～4 m，直覆于南华纪砂岩之上。庐山期泥砾层形成于晚更新世早期。

8）芦林碎石黏土层

该层在庐山上海拔 1000 m 之上的大月山两侧、女儿城的汉口峡及牧马场，见有一层厚仅 0.2～1.5 m 的黄褐色碎石黏土层，推测为晚更新世冰缘（寒冻风化等）作用的产物。

9）新港黏土层

该层在庐山与鄱阳湖之间的低丘地带常有一层厚约 4 m 的黄土，有时夹灰色粉砂质黏土。经区域对比，属晚更新世晚期干旱气候条件下的湖相堆积物，与鄱阳湖滨的黄砂层属同一层位。

（二）岩浆岩

1. 观音桥花岗片麻岩

在庐山东侧的观音桥、秀峰、鸡笼山、高家岭等地分布有观音桥花岗片麻岩。观音桥花岗片麻岩位于庐山变质核杂岩核心处的古元古界星子岩群深变质岩之中，片麻理产状与围岩片理产状基本一致，在平面上边界圈闭呈不规则的椭圆状，向外倾斜，呈背形产出，片麻理倾角介于 15°～20°，整体侵入界面呈波状向围岩一侧倾斜。岩石 U-Pb 年龄为（823±64）Ma。此年龄也正是扬子古板块碰撞造山的年龄，说明观音桥花岗片麻岩的原岩之花岗岩是晋宁造山运动的产物。观音桥花岗片麻岩主要由条痕状细粒黑云二长片麻岩与条痕状细粒黑云钾长片麻岩组成，这两种岩石在空间上紧密共生，局部呈刺破式同环带分布。

2. 燕山晚期东牯山花岗岩

燕山晚期东牯山花岗岩主要侵入于古元古界星子岩群云母片岩中，北端侵入于南华纪莲沱砂岩中。侵入界面呈波浪状，外接触带的云母片岩中见有大量白云母花岗岩脉、斜长花岗岩脉及花岗伟晶岩脉。岩石 K-Ar 年龄为 135～104 Ma，属于燕山晚期。东牯山花岗岩主要岩石类型为灰白色二云二长花岗岩及中细粒斑状黑云母花岗岩，其中常有大量捕虏体。由于受韧性剪切带的影响，具微弱的片麻状构造。

3. 花岗伟晶岩田

庐山地区所见的400多条花岗伟晶岩脉，均局限于庐山变质核杂岩的内核范围内。内核的星子岩群变质岩或新元古代花岗片麻岩均来自15 km之下的中地壳，应属典型的花岗伟晶岩田。岩石年龄为153～104 Ma，属于燕山晚期。伟晶岩脉的形态较为复杂，且常互相穿插，宽度变化也较大，为0.1～25 m，一般为1～2 m，最长的脉体达1100 m。岩石主要矿物为钾长石，最大晶体可达2～5 cm，含量达50%～60%，具文象结构；石英矿物达27%～30%，最大单矿物颗粒3 cm；白云母约占15%，最大单晶达8 cm左右。

4. 辉长辉绿岩墙群

在庐山地区南端谢家山、隘口，有一系列近南北走向的辉长辉绿岩墙。岩墙长达2200 m，宽1～24 m，产状近于直立，沿断层贯入，横切古元古界星子岩群的片理。岩石U-Pb年龄为136 Ma，属于燕山晚期。辉长辉绿岩中的斜长石含量达60%～65%，晶体较为粗大，辉石含量为25%～30%，黑云母含量1%～3%，磁铁矿约占2%，具典型的辉长结构。

（三）构造

庐山地区先后经历了吕梁运动、晋宁运动、加里东运动和印支运动，地层相继发生挤压褶皱变形，至侏罗纪进入盆岭构造发展阶段，地壳长期以来处于伸展状态条件下，产生了一系列NNE-SSW向及NEE-SWW向左旋走滑剪切断裂带并伴有大规模花岗岩侵入及断陷盆地的产生。

1. 褶皱

庐山山体内的主体褶皱为庐山复背斜。受印支运动影响，使庐山地区三叠纪以前的地层发生挤压褶皱，形成了庐山山体的“三背两向”褶皱构造以及山体外围的一些褶皱构造。总体轴向呈NE-SW。褶皱翼部普遍见有后期叠加的顺层滑脱断层及伴生的滑脱褶皱。褶皱轴面倾向SE。虎背岭背斜是一个倒转背斜，轴面倾向SE，倾角约60°，NW翼地层倒转，SE翼岩层产状较为平缓，倾角仅25°。

1）背斜

（1）五老峰背斜：走向NE，为近线形背斜，核部出露地层为莲沱组下段地层。该背斜东南翼已被长期侵蚀、剥蚀，仅保留了西北翼，其东北端被温泉断裂所断开。

（2）大月山背斜：近线形倾斜背斜，走向NE，由莲沱组所组成，核部出露地层为莲沱组下段片麻状含砾石英岩地层，偶夹石英片岩、砂砾岩、砂岩、薄层页岩及含砾长石石英砂岩。

（3）虎背岭（—大马颈）倒转背斜：呈 NE-SW 向延伸，为近线形背斜，轴面倾向 SE，北西翼在月弓堑—虎背岭一带被断裂错断。现核部出露地层为莲沱组下段地层。

2）向斜

（1）青莲寺向斜：走向 NE，为近线形向斜，核部出露地层为莲沱组上段地层。

（2）东谷（—王家坡）向斜或牯岭向斜：呈 45° 延伸，为线形向斜（长宽比大于 10），中部日照峰一带受断层影响而被抬升翘起。现核部出露地层主要是莲沱组的中上段地层。

2. 断裂

庐山的东南、西北两侧分布着边界断层（图 2-3）。西北侧为通远—莲花洞正断层，东南侧为星子逆断层，两断层面均倾向于 NWW。庐山地区被夹持于边界断层之间，成为断层的上升盘而被构造抬升。通过对海会寺附近星子逆断层两侧的地层进行对比，估计星子逆断层的垂直断距约 1100 m。庐山的这种挤出构造形成于北西-南东向的挤压应力场之中。新的构造样式表明庐山可能并非原先认为的地垒。

（1）通远—莲花洞断裂：由一组近北东向弧形正断层组成，断裂带内硅化，可见断层角砾，发育断层崖、断层谷，西南段有石英闪长岩侵入。

（2）星子断裂：逆断层，走向近北东向，呈弧形。断裂由破碎带与角砾岩构成，断裂带厚度巨大，在数十米以上。断裂带内岩石硅化，有岩浆岩侵入。

（3）温泉断裂：正断层，走向近北东向，呈弧形。断裂带内具硅化，岩浆侵入，发育断层崖、断层谷。

（4）剪刀峡断层：为右旋平移断层，有错开山嘴、构造不连续、地层错位等断层证据。

（5）捉马岭—梭子岭—红石岩断层：左旋平移断层，北东向，表现为地层不连续。

（6）铁船峰断层：为弧形正断层，大致走向为 NNW，东北盘为上盘，相对下降。

（7）九奇峰断层、犁头尖断层：为两条左旋平移断层，断层北西走向。断层两侧莲沱组地层不连续。

（8）庐山垄断层：北东向正断层，西北盘为下降盘。

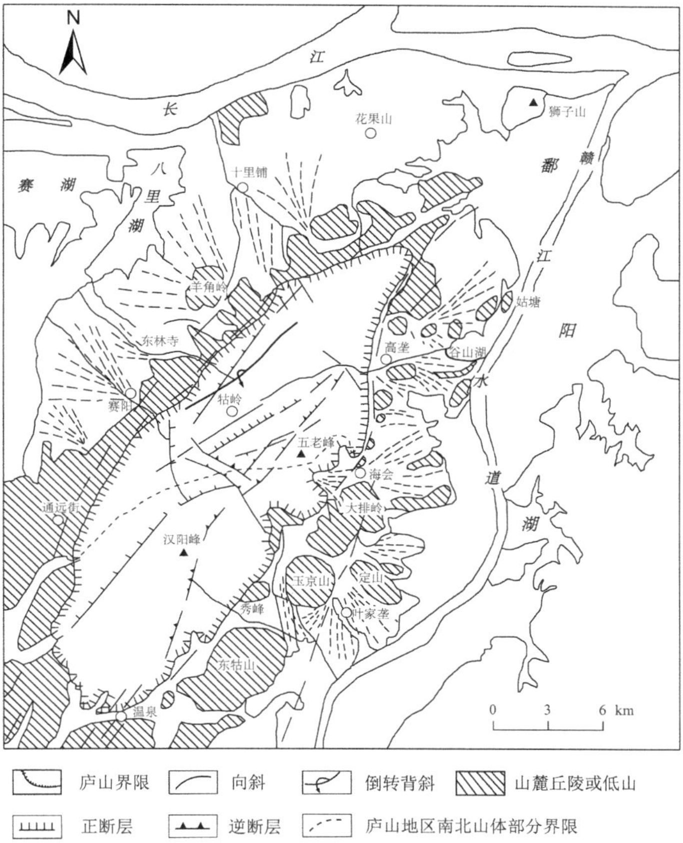

图 2-3　庐山地区地形轮廓及构造略图

（9）赣江断裂带：主要由三条断层组成。一条是鄱阳湖南侧的湖口—老爷庙正断层；一条是鄱阳湖北侧蛤蟆石—火焰山正断层；还有一条是五里牌—马祖山隐伏断层。前两条形成了北东向的鄱阳湖湖口段（古赣江河谷）白垩纪古湖盆。

除断层以外，庐山地区节理随处可见。大的节理密集带常与断裂有密切关系，是其派生构造。伴褶皱而生的节理也很明显，主要有纵节理、横节理、X 节理，横节理常组成密集节理带。

（四）地质历史演化

庐山山体是由不同时代的岩层组成的，反映了其不同阶段的地质演化历史。庐山在前震旦纪时处于浅海环境，接受沉积形成中元古界双桥山群。此后经吕梁运动上升为陆地，并遭受剥蚀形成剥蚀面。剥蚀面形成以后，庐山地区再度下沉，沉积滨海相和浅海相震旦系。至奥陶纪晚期，又经地壳抬升、剥蚀，随后缓慢下沉。至志留纪末，受加里东运动的影响，本区上升为陆地，并形成剥蚀面。此后，地壳长期处于下沉状态，在剥蚀面上沉积砂砾岩和灰岩。经中生代燕山运动，庐山地区抬升，从此以后一直处于陆地环境。白垩纪是该区地壳运动最强烈的时期。在庐山东侧的海会寺、玉京山、东牯山等地有大量花岗岩及花岗伟晶岩侵入，地壳处于上升膨胀伸展状态之中，出现了大规模的低角度拆离断层，使深埋在15 km之下的古元古代深变质岩系被逐渐向地表拉伸上升，形成了庐山变质核杂岩。庐山在热膨胀过程中，还产生一些近于直立的切割深度较大的近南北走向断裂，使地壳深部的基性岩浆上升侵入。在庐山上升的同时，相对应的鄱阳湖地区下陷，形成了巨大的古鄱阳湖盆地。庐山当时处于受风化剥蚀状态之中。新生代喜马拉雅运动时，庐山地区再次大幅度全面抬升，地表面遭受剥蚀，因而缺失新近纪地层，并在山体周围产生了一系列高角度正断层。自晚新生代第四纪中更新世至今，庐山新构造运动十分明显，使庐山山体沿边界断裂带急剧上升，加之受流水及寒冻、冰雪等外力作用影响，山体外侧受到强烈的切割，断层崖高峻、陡立，从而形成目前断块山的形态；而庐山山麓广泛堆积第四系陆相砂砾层、巨砾以及松散土状堆积物，古鄱阳湖盆地则进一步发展，继而形成鄱阳湖。

二、地貌类型

庐山地区由于其独特的地质构造演化历史，形成了典型的构造地貌、流水地貌、夷平面地貌、湖滨地貌以及疑似冰川地貌等。庐山大致以太乙峰、犁头尖、九奇峰、仰天坪一线为界，划分为北山和南山两个部分，庐山北山和南山在地貌上存在显著差异。

（一）构造地貌

庐山地区由于受到褶皱和断裂的控制，岩层变形明显，升降运动强烈，形成了典型的褶皱构造地貌和断层构造地貌。

1. 褶皱构造地貌

庐山山体的“三背两向”褶皱构造在北山地区表现最为显著。受褶皱和岩性影响，庐山北山发育了典型的背斜、向斜和单斜等褶皱构造地貌（图2-4）。其中，背斜山有大月山，向斜谷有东谷、青莲谷和王家坡谷地等，单斜山有虎背岭、牯牛岭、女儿城和五老峰等，单斜谷有西谷、大校场和七里冲等。

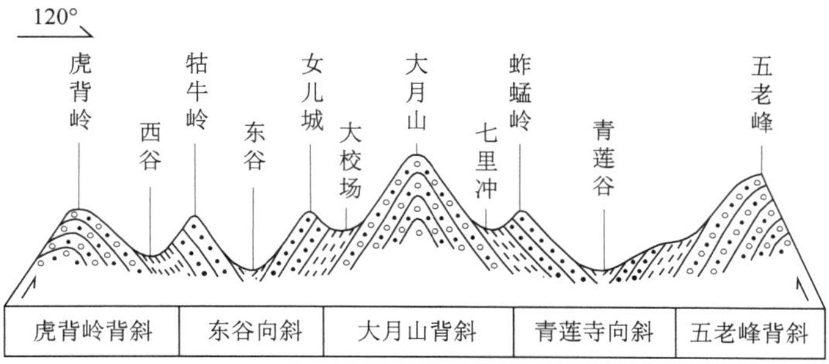

图 2-4　庐山北山褶皱构造地貌示意图

2. 断层构造地貌

庐山断层构造地貌主要有两种类型，即断层谷和断层崖。沿断层或断裂带发育的沟谷，因断裂带地层破碎，抗侵蚀能力差，在流水等外力作用下形成的谷地，称为断层谷，如剪刀峡、石门涧等谷地均受断裂控制。庐山断层崖，遭到长期的剥蚀和山间河流的切割，已面目全非，但仍有两处最为典型，即虎背岭断层崖和五老峰断层崖。其中，五老峰断层崖由温泉正断层活动错断而形成，大致分为三级，台面高度分别为 800 m、500 m 和 300 m 左右。

（二）流水地貌

庐山山体自发生断块抬升运动以来，由于受到长期的流水侵蚀作用，从山顶至山麓地带形成了不同的流水地貌类型和特征。

1. 河谷地貌

由于受到区域地质构造演化的影响，庐山河流的河谷形态十分独特，与常态河谷存在很大差异，即河流的上游往往表现为宽谷，而下游一般表现为峡谷，两者之间则通过瀑布或裂点过渡（图 2-5）。

1）宽谷

宽谷一般沿软弱岩层发育，走向大致呈 NE-SW 向，保存比较完整，谷底常覆有网纹红土和棕黄色堆积物。庐山宽谷主要有西谷、东谷、大校场、七里冲、青莲谷等。宽谷海拔在庐山中南部最高，向两侧降低，反映了庐山山体的不等量抬升特征。

2）峡谷

峡谷或沿软弱岩层发育，走向与宽谷一致；或沿断层和垂直节理侵蚀而成，走向与宽谷垂直。峡谷深度可达数百米，河床溪流落差很大，沿途多见激流瀑布、壶穴深潭和岩槛裂点。庐山峡谷主要有锦绣谷、石门涧、剪刀峡、三叠泉等。峡谷一般是庐山第四纪地面强烈上升时，河流回春，发生溯源侵蚀而形成的。

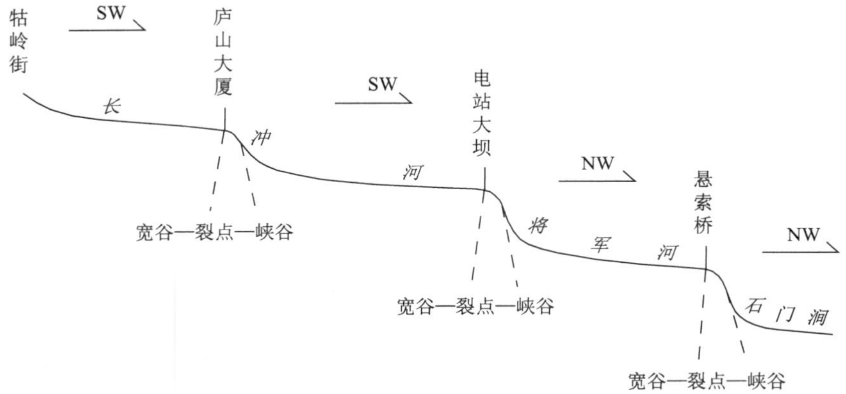

图 2-5　庐山河谷地貌的“宽谷—裂点—峡谷”组合示意图

3）裂点

裂点一般多分布于河流上游河段中，常形成瀑布或跌水。裂点或因构造运动引起河流溯源侵蚀而形成，或由于地质构造、岩性差异等形成。庐山裂点可划分为旋回裂点、构造裂点、岩性裂点三类。其中，在宽谷和峡谷之间常形成旋回裂点，是由庐山强烈上升引起河流溯源侵蚀而形成的。庐山旋回裂点主要有天桥裂点、庐山大厦裂点、窑洼裂点、芦林桥裂点、电站大坝裂点、石门涧裂点等。

2. 河流袭夺

在地质构造的影响下，庐山主要河流流向一般与构造走向一致，两者相互平行，呈 NE-SW 向，如西谷河、长冲河、大校场河、七里冲河等。同时，由于受到庐山山体第四纪强烈上升的影响，河流溯源侵蚀切穿山体，河流流向与构造走向垂直，呈 NW-SE 向，如锦绣谷河、三叠泉河等。由于庐山独特的地质构造条件，庐山水系整体呈现格子状水系形态，并且河流分水岭移动频繁，容易发生河流袭夺现象。例如，锦绣谷河袭夺西谷河、长冲河支流袭夺大校场河和三叠泉河袭夺七里冲河。

（三）夷平面地貌

在山体强烈上升之前，庐山地区曾经历过长期的夷平剥蚀过程，现在庐山山顶诸河溯源侵蚀未达到的地方保留着两片山地夷平面，即较高的老年期地形面和较低的壮年期地形面。其中，较高的老年期地形面主要位于仰天坪一带，是庐山地貌中最高的一个地形面，平均海拔约 1300 m，被称为仰天坪夷平面，其地面波状起伏，被侵蚀成浑圆的馒头状低丘，相对高度仅 30～50 m。较低的壮年期地形面主要是壮年期河流宽谷面，如西谷、东谷、莲花谷、王家坡、大校场、七里冲等地，平均海拔约 1000 m，其中保留最大的一块是牯岭镇所在地。

（四）疑似冰川地貌

20 世纪 20～30 年代，李四光先生对庐山地区进行了多次考察研究，并于 1937 年完成了专著《冰期之庐山》。他认为庐山在第四纪曾发育过三次冰川，相应划分出鄱阳冰期（对应于贡兹冰期）、大姑冰期（对应于民德冰期）和庐山冰期（对应于里斯冰期）。

根据上述观点，庐山冰蚀地貌分布在山上，集中于北山。其中，冰斗有大坳冰斗（海拔 1200 m）、鼓子寨冰斗（海拔 500 m）、五乳寺冰斗（海拔 450 m）等；冰川 U 形谷有王家坡 U 形谷、七里冲 U 形谷、大校场 U 形谷等；冰窖有窖洼冰窖、芦林冰窖、三逸乡冰窖等。

庐山冰碛地貌山上山下都有分布。其中，鄱阳冰期冰碛遗迹因受长期破坏而保留无几。大姑冰期冰碛遗迹广泛分布于白鹿洞、莲花洞、十里铺等山前地带。庐山冰期冰碛遗迹仅限于山上东北部数处，在王家坡谷地留有前碛 3～4 道，并形成侧碛。

然而，上述关于庐山地区存在第四纪冰川的观点一直备受争议，庐山地区是否存在第四纪冰川作用遗迹，目前仍存在不同的观点。反对观点认为我国东部海拔低于 2000 m 以下的中低山地在第四纪不具备发育冰川的条件，因而不存在第四纪冰川作用，并认为李四光先生所指的冰碛物实为泥石流堆积，抑或是冰缘堆积等。对于这些问题，有待于学术界进一步的研究。

（五）鄱阳湖湖滨地貌

庐山东南麓濒临鄱阳湖。鄱阳湖湖滨存在沉溺现象，塑造了岬湾折曲的湖岸、湖岛、陆连岛等湖滨侵蚀地貌。此外，在枯水期，湖滨洲、滩大面积出露，水下河道蜿蜒于湖底平原之上，形成了天然堤、边滩等地貌。

鄱阳湖湖滨地带还堆积了众多沙山地貌。沙山海拔一般在 40～50 m，主要分布在北部长江沿岸、中部星子—都昌水道沿岸和南部新建区—丰城市赣江西侧沿岸地带。研究表明，沙山是晚更新世末次冰期以来的风沙堆积，最早的堆积始于末次冰期的起始阶段，并且现代风仍然作用于沙山表层，常形成沙波、小型新月形沙丘和风蚀洼地等微地貌。

（六）长江九江段地貌

长江九江段是在九江拗陷构造基础上发育起来的，其延伸方向与构造线一致。自更新世以来，长江明显南移侵蚀南岸，以致长江南岸一级阶地不发育，江岸陡立，并局部出露基岩，而长江北岸则保存了大面积的冲积平原和第一、二、三级阶地，造成长江河谷的不对称。

全新世以来，长江北岸形成湖群。目前长江九江段，上下为分汊河床，中间为微弯型河床。近百年来，因鄱阳湖湖水的顶托作用，使江流减速，形成张家洲，并且该江心洲有不断向北岸和下游方向发展、扩大的趋势。

第二节　地貌野外实习内容

庐山地区地貌野外实习的重要内容是根据实习目标进行野外观测，认识庐山地区典型地貌类型及其发育过程，并充分利用地质图、地形图等图件宏观上介绍区域地质地貌概况，便于实习学生对实习区域“面”上有所了解，再基于路线观测和定点观测进行“线”和“点”的详细讲解，最终实现地貌野外实习“面—线—点”的统一。

一、实习目的与要求

（一）实习目的

地貌野外实习既是地貌学课程不可或缺的实践教学部分，又是自然地理学野外实习的重要组成部分之一。庐山地区地貌学野外实习的目的是将课堂理论与野外实际相联系，培养学生发现、分析和解决地貌问题的能力，并且培养学生野外工作的基本方法和技能。

（二）实习要求

（1）掌握地貌野外工作的基本方法和技能（地质图和地形图使用、地貌与第四纪沉积物记录、地貌填图、地貌素描、样品和标本采集、实习报告撰写等）。

（2）识别庐山地区典型地貌类型，并能够分析这些地貌类型的成因。

（3）基于庐山地区典型地貌的分布和发育特征，总结庐山地区地貌发育过程和构造运动过程。

二、实习方法与工具

（一）实习方法

1. 实习图件判读

地貌野外实习首先需要了解庐山地区的地质地貌概况，因此对地质图、地形图、遥感图像等图件的判读必不可少，这也是后续进行线路观察、定点观测、地貌剖面图绘制等野外工作的前提。其中，地质图判读可以获得区域地层、地质构造等信息；地形图判读可以获得海拔、地势起伏、岭谷分布、交通、聚落等信息。通过实习图件判读，实习学生可以初步掌握庐山地区地层、断裂、褶皱、岭谷等的分布与组合特征。

2. 路线观测与记录

路线观测法是沿着一定线路沿途观察庐山地区各种类型地貌现象的分布、组合及变化规律，并进行记录。该方法可以在较短的时间内掌握实习区域自然地理环境基本情况，达到对实习区域地貌整体性的把握。路线观测法一般包括穿越观测法和追索观测法两种。通过路线观测与记录，实习学生可以基本掌握庐山地区地貌概况，实现对该地区地貌发育特征的初步认识。

3. 定点观测与描述

定点观测是针对庐山地区地貌观测点进行详细的观测与描述，是野外实习获得第一手资料的基本方法。在每一个观测点，实习学生在指导教师的指导下，运用罗盘、全球定位系统（GPS）等工具，并重点记录位置、经纬度、海拔、岩层产状、地貌发育特征及成因等信息。定点观测与描述对后续分析与总结至关重要，因此观测得到的一些基本事实、数据、认识务必做到翔实和准确。通过定点观测与描述，实习学生可以掌握地貌观测点的地貌类型、剖面特征以及成因。

4. 野外地貌填图

地貌填图是基于野外地貌观测资料，并基于地形图底图，绘制地貌剖面图、地貌类型图等图件的工作。在地貌填图过程中，作图要注意剖面方向、地层界线、图例符号、作图比例以及沉积物特征等的正确表达。通过野外地貌填图，实习学生可以掌握庐山地区地貌分布、组合特征以及发育规律。

（二）实习工具

地貌野外实习工具主要包括地质锤、工兵铲、罗盘、卷尺、放大镜、望远镜、GPS、测距仪、气压高度仪、地形图、地质图、遥感图像、记录本、记录笔等。

三、实习基本内容

（一）庐山地区地貌总体特征观测

庐山大致以太乙峰、犁头尖、九奇峰、仰天坪一线为界，可以被划分为北山和南山两个部分，北山和南山在地层、岩性、构造和地貌上存在显著差异。野外运用区域地质图、地形图、遥感影像，结合实际观察与测量，把握庐山地区构造地貌的总体特征，并理解庐山南北地貌差异的原因。

1. 地层与岩性

庐山北山地区主要出露新元古界南华系下统莲沱组（Nh_1l）地层。莲沱组根据岩性自下而上可以分为四段：下部（Nh_1l_1），片麻岩含砾石英岩偶夹石英片岩，称为五老峰砂岩；中下部（$Nh_1l_2^1$），长石石英砂岩偶夹石英片岩；中上部（$Nh_1l_2^2$），石英砂岩、含砾石英砂岩，称为女儿城砂岩；上部（Nh_1l_3），长石石英砂岩、凝灰岩夹砂砾岩。这四段的软硬程度具有“硬—软—硬—软”的变化特征。五老峰砂岩和女儿城砂岩的岩性坚硬，常形成高峻的山脊和陡峭的崖壁，如大月山、虎背岭、五老峰、牯牛岭、女儿城等。长石石英砂岩的岩性较软弱，往往因受到侵蚀而形成谷地，如西谷、东谷、大校场等。

庐山南山地区地层时代较庐山北部地区老，主要出露古元古界星子岩群（Pt_1X）、中元古界双桥山群（Pt_2S）地层。区域地层主要由古元古界、中元古界岩浆岩、仰天坪板岩、匡顶板岩等组成，并且岩层经历较强烈的变质作用，岩石抗风化侵蚀能力较弱，容易被剥蚀夷平，不易形成陡峻的山体，因此庐山南部山体整体较矮，并且山顶常呈浑圆状。

2. 构造特征

庐山北山地区褶皱和断裂构造最为典型。其中，褶皱构造具有复背斜性质，走向为 NE-SW 向。其中，大月山为复背斜立脊，大月山东南侧为青莲寺向斜、西北侧为东谷向斜；牯牛岭、女儿城、虎背岭、五老峰、草地坡、屋脊岭等皆为单斜山构造，牯牛岭、草地坡的岩层倾向与虎背岭相同，倾向为 SE，而女儿城、屋脊岭的岩层倾向和五老峰相同，倾向为 NW；西谷、大校场皆为单斜谷构造，两者倾向相对。此外，小天池谷、七里冲谷也是单斜谷构造。

庐山北部山区的断裂构造主要受控于一系列的NE-SW向断裂和NW-SE向断裂。其中，NE-SW向断裂主要有西北侧的莲花洞断裂和东南侧的温泉断裂，它们控制着庐山第四纪以来的断块抬升活动，并在庐山周缘发育了典型的断层崖、断层谷地貌；NW-SE向断裂主要有剪刀峡断裂、铁船峰断裂、九奇峰断裂等，也发育了典型的断层崖地貌。

3. 地貌特征

庐山北山地区从地貌组合上看，正如苏东坡的“横看成岭侧成峰，远近高低各不同”所描述的一样，具有显著的平行岭谷地貌特征。平行岭谷的延伸方向为NE-SW，自西北向东南依次是“虎背岭（大马颈）－西谷（小天池谷）－牯牛岭（草地坡）－东谷（莲花谷、王家坡）－女儿城（屋脊岭）－大校场（白沙河谷）－大月山－七里冲谷－蚱蜢岭－青莲谷－五老峰”的相间分布。其中，牯牛岭、草地坡、女儿城、屋脊岭和蚱蜢岭是次成山，西谷、小天池谷、大校场、白沙河谷和七里冲谷是次成谷。

庐山南山地区地貌上整体较矮，山顶常呈浑圆状，但是庐山最高峰汉阳峰位于庐山南部，海拔1474 m。在汉阳峰峰顶上，有一方形石台，相传为大禹治水登临处，故得名禹王台。在汉阳峰西北有一处峡谷，长7～8 km，是庐山南山地区较大的山谷之一，称为康王谷。汉阳峰地区主要出露酸性喷发变斑流纹岩。一般认为汉阳峰是在庐山地区长期的剥蚀夷平作用下，残留在庐山最高一级夷平面（仰天坪夷平面）上的蚀余山。

（二）庐山地区褶皱构造地貌观测与分析

庐山北山地区由于受到褶皱影响，发育了典型的背斜、向斜和单斜等褶皱构造地貌。野外运用区域地质图、地形图、遥感影像，结合实际观察与测量，掌握庐山地区褶皱构造地貌的分布特征及其与构造、岩性的关系。

1. 背斜山

大月山背斜山位于庐山中部，海拔1451 m，大致沿NE方向延伸。大月山构造上位于大月山背斜立脊处，属于背斜山。大月山岩层属于莲沱组下部（Nh_1l_1），由五老峰砂岩构成，并且在山脊处有大片该砂岩出露。由于五老峰砂岩岩性坚硬，形成了典型的背斜山峰。大月山是庐山北部山区的主峰，是一条重要的分水岭。其西北侧依次是大校场－白沙河谷地、女儿城－屋脊岭和东谷－莲花谷，东南侧依次是七里冲谷、青莲谷、五老峰。

2. 单斜山

1）虎背岭单斜山

虎背岭单斜山位于庐山西北部边缘，海拔 1157 m，大致沿 NE-SW 方向延伸。虎背岭构造上位于虎背岭背斜轴部和东南翼，岩层倾向 SE（部分 NW），属于单斜山（局部为背斜山）。虎背岭岩层属于莲沱组下部（Nh_1l_1），由五老峰砂岩构成，岩性坚硬，容易形成山峰。虎背岭西北侧是侵蚀坡，遭受后期流水等外力侵蚀，坡形陡峭，而虎背岭东南侧是顺着虎背岭背斜东南翼而发育的构造坡，坡形平缓，这种两坡不对称的单斜山，又称为单面山。

2）牯牛岭单斜山

该单斜山位于庐山西北部，海拔 1164 m，大致沿 NE-SW 方向延伸。牯牛岭又称牯岭，由英文“Cooling”音译而来。牯牛岭构造上位于东谷向斜西北翼（或虎背岭背斜东南翼），岩层倾向 SE，与东南面的女儿城隔东谷相望，是典型的单斜山。牯牛岭岩层属于莲沱组中上部（$Nh_1l_2^2$），由女儿城砂岩构成，岩性较坚硬，容易形成较陡峻的山岭。牯牛岭西北侧遭受后期流水等外力侵蚀，形成侵蚀坡，而牯牛岭东南侧是构造坡，所受侵蚀较少，因此牯牛岭是发育于东谷向斜西北翼（或虎背岭背斜东南翼）坚硬岩层上的次成山。

3）女儿城单斜山

该单斜山位于庐山中部，海拔 1240 m，大致沿 NE 方向延伸。女儿城构造上位于东谷向斜东南翼（或大月山背斜西北翼），岩层倾向 NW，是典型的单斜山。女儿城岩层属于莲沱组中上部（$Nh_1l_2^2$），由女儿城砂岩构成，岩性较坚硬。同时，女儿城与西北面的牯牛岭隔东谷相望。女儿城西北侧由于遭受了较强烈的流水等外力侵蚀，形成了侵蚀坡，坡形缓而短，并与大校场谷地缓缓过渡。而东南侧则是构造坡，遭受后期外力侵蚀较少，坡形缓而长，与宽深的东谷相连。女儿城是发育在单斜构造基础上经后期侵蚀而成的次成山。

4）五老峰单斜山

五老峰单斜山位于庐山东南部，海拔 1359 m，大致沿 NE 向延伸，主要由 5 座山峰并列而成。五老峰构造上位于五老峰背斜西北翼（或青莲寺向斜东南翼），岩层倾向 NW，形成了单斜山，由于此处岩层倾角较小，又称为单面山。此处岩层属于莲沱组下部（Nh_1l_1），由五老峰砂岩构成，出露岩石坚硬。其西北侧是构造坡，坡形平缓，而东南侧是侵蚀坡，坡形陡峭。

3. 向斜谷

1）东谷向斜谷

东谷向斜谷位于庐山中部，是一条夹于牯牛岭和女儿城之间的 NE-SW 向宽深谷地，其上坐落着众多民居、老别墅等建筑物，是牯岭镇人民生产生活的主要场所之一。东谷构造上位于东谷向斜轴部，岩层几乎水平，是典型的向斜谷。东谷岩层属于莲沱组上部（Nh_1l_3），由软弱的长石石英砂岩、凝灰岩夹砂砾岩构成，因此东谷是沿着软弱岩层而发育的向斜谷。

2）青莲谷向斜谷

该向斜谷位于庐山东南部，是一条介于大月山和五老峰之间的 SW-NE 向宽大谷地。该谷地构造上位于青莲寺向斜轴部，其岩层属于莲沱组上部（Nh_1l_3），由软弱的长石石英砂岩、凝灰岩夹砂砾岩构成，因此青莲谷是沿着软弱岩层而发育的向斜谷。

3）王家坡向斜谷

该向斜谷位于庐山东北部，是一条夹于大月山和大马颈之间的 SW-NE 向巨大宽深谷地。该谷地构造上位于东谷向斜轴部，形成了向斜谷。王家坡岩层是莲沱组上部（Nh_1l_3）软弱的长石石英砂岩、凝灰岩夹砂砾岩，其两侧依次过渡到坚硬的女儿城砂岩和五老峰砂岩。

4）莲花谷向斜谷

该向斜谷位于庐山东北部，是一条夹于草地坡和屋脊岭之间的 SW-NE 向宽浅谷地，直接汇入王家坡谷地。该谷地构造上位于东谷向斜轴部，发育在莲沱组上部（Nh_1l_3）软弱的长石石英砂岩、凝灰岩夹砂砾岩中，是沿着软弱岩层而发育的向斜谷。

4. 单斜谷

1）西谷单斜谷

西谷单斜谷位于庐山西北部，是一条介于牯牛岭和虎背岭之间的 NE-SW 向宽浅谷地，其上同样坐落着众多民居、老别墅等建筑物，是牯岭镇人民生产生活的主要场所之一。西谷构造上位于虎背岭背斜东南翼（或东谷向斜西北翼），岩层倾向 SE，是典型的单斜谷。西谷岩层属于莲沱组中下部（$Nh_1l_2^1$），由较软弱的长石石英砂岩构成，容易形成较深的谷地。西谷上部原先覆盖着较坚硬女儿城砂岩，保护着其下部较软弱的长石石英砂岩。但是，当该保护层被侵蚀破坏后，其下部较软弱岩层极易被侵蚀，进而形成了西谷，因此西谷是发育于虎背岭背斜东南翼（或东谷向斜西北翼）软弱岩层上的次成谷。

2）窑洼单斜谷

该单斜谷位于庐山西北部，是一条夹于牯牛岭和虎背岭之间的 SW-NE 向短小谷地。窑洼构造上位于虎背岭背斜东南翼（或东谷向斜西北翼），岩层倾向 NE，属于单斜谷构造。窑洼发育在莲沱组中下部（$Nh_1l_2^1$）软弱的长石石英砂岩岩层中，因此也是沿着软弱岩层而发育的次成谷。

3）大校场单斜谷

该单斜谷位于庐山中部，是一条处于大月山和女儿城之间的 NE-SW 向宽浅谷地。大校场构造上位于大月山背斜西北翼（东谷向斜东南翼）上，岩层倾向 NW，是典型的单斜谷。大校场岩层属于莲沱组中下部（$Nh_1l_2^1$）较软弱的长石石英砂岩，因此大校场谷地是沿着软弱岩层经外力侵蚀后形成的次成谷。

4）七里冲单斜谷

该单斜谷位于庐山中南部，是一条夹于大月山和蚱蜢岭之间的 SW-NE 向短小谷地，在庐山育种站附近汇入青莲谷。该谷地构造上位于青莲寺向斜西北翼（或大月山背斜东南翼），岩层倾向 NE，属于单斜谷。此处岩层是莲沱组中下部（$Nh_1l_2^1$），由较软弱的长石石英砂岩构成，因此七里冲也是沿着软弱岩层经外力风化侵蚀后形成的次成谷。

（三）庐山地区断层构造地貌观测与分析

庐山北部山区周边和内部分布着多条断层，发育了典型的断层构造地貌。野外运用区域地质图、地形图、遥感影像，结合实际观察与测量，掌握庐山地区断裂构造地貌的分布特征及其与构造、岩性的关系。

1. 断层崖

1）虎背岭断层崖

虎背岭断层崖位于庐山西北部边缘、虎背岭西北坡。虎背岭与九江平原之间是著名的莲花洞大断裂，该断裂错断了虎背岭背斜西北翼的大部分，使其陷入了九江拗陷。在虎背岭西北坡，大部分地区表现为典型的断层崖地貌，局部地区断层崖坡度可达 90°，如庐山观云亭下方的崖壁。但是，在锦绣谷险峰处观察虎背岭时，虎背岭背斜内部岩层清晰可见，背斜西北翼似乎仍然存在，只是被若干个小断裂错断，形成多级平台，其上植物生长茂盛，可作为识别断层的植物标志。

2）五老峰断层崖

该断层崖位于庐山东南部边缘、五老峰东南坡。五老峰与鄱阳湖平原之间是著名的温泉大断裂，该断裂错断了五老峰背斜东南翼，使其陷入了鄱阳湖拗陷，形成了五老峰断层崖。五老峰断层崖与鄱阳湖平原的相对高度超过 1300 m，其下还有一系列的推覆体存在。五老峰断层崖大致可划分为三级，它们的高度大致是 800 m、500 m、300 m，反映了温泉断裂至少发生过三次较大规模的活动，并导致庐山发生了相应的断块抬升运动。

3）天桥断层崖

该断层崖位于庐山西北部边缘、锦绣谷源头，海拔约 970 m。锦绣谷谷口两侧悬崖突兀对峙，左侧谷坡有一近乎垂直的陡崖，顶部有水平岩石伸入谷中，右侧谷底有一水平岩石凌空伸出悬于溪流之上，两者恰似断桥，故得名天桥。天桥构造上位于虎背岭背斜轴部，岩层几乎水平。此处岩层属于莲沱组下部（Nh_1l_1），由五老峰砂岩构成，岩性坚硬。同时，此处有一条NW向小断裂经过，岩层破碎，形成了断层崖。天桥下部岩石受到流水、重力、冻融等侵蚀作用而不断减少，上部岩石失去支撑易发生重力崩塌，导致上部水平岩层可能会凌空伸出，形成类似天然断桥的水平岩层地貌。但是，这种水平的“断桥”地貌是不稳定的，它会随着下部支撑岩石被不断侵蚀，最终会发生崩塌而消失。

4）龙首崖断层崖

该断层崖位于庐山西北部边缘、大天池下方，海拔约860 m。龙首崖构造上位于虎背岭单斜山轴部，岩层基本水平。此处岩层主要是莲沱组下部（Nh_1l_1），由五老峰砂岩构成，岩性坚硬，形成水平岩层地貌。同时，龙首崖位于莲花洞断裂和铁船峰断层的交汇处，岩层破碎、节理发育，发育了典型的断层崖。龙首崖下部岩层由于受到流水、重力、冻融等外力作用，被侵蚀凹进，而顶部水平岩层伸入谷地，因而形成下临绝壁、顶部稍微突出、如龙昂首腾空的龙首崖。

2. 断层三角面

1）铁船峰断层三角面

铁船峰断层三角面与龙首崖隔石门涧相望，海拔约960 m。铁船峰构造上属于虎背岭背斜东南翼，整体岩层倾向NW，核部岩层近乎水平。此处岩层主要是莲沱组下部（Nh_1l_1），由五老峰砂岩构成，岩性坚硬。由于受到莲花洞断裂与铁船峰断层的作用，铁船峰西北侧和东北侧都发育断层崖。这些断层崖由于受到后期流水的分割，在东北侧表现为三角状，称为铁船峰断层三角面。

2）五老峰断层三角面

五老峰断层三角面位于五老峰单面山东南侵蚀坡上。温泉断裂作用使五老峰东南侧形成了典型的断层崖。断层崖形成以后，由于受到后期河流的溯源侵蚀作用，该断层崖多处被切穿，形成了若干垭口，垭口之间形成若干座三角形的断层崖，称为五老峰断层三角面。其中，五个较大断层三角面形成的山峰，远看犹如五位老人并肩而坐，面对鄱阳湖垂钓，故得名五老峰，实则并不止五座山峰。

（四）庐山地区河谷地貌观测与分析

庐山北部山区河流循构造线发育，发育了类型多样的河谷地貌。野外运用区域地形图、遥感影像、地质图，结合实际观察与测量，掌握庐山地区宽谷、峡谷、裂点等河谷地貌的发育特征以及河流袭夺现象及其发生原因。

1. 宽谷

1）西谷宽谷

西谷宽谷位于西谷单斜谷的中上部。该谷地宽阔，谷底平坦，谷坡较陡，横断面呈宽深U形，呈现典型的宽谷形态，并且在谷底或坡麓普遍覆盖棕黄色和棕红色堆积物。关于西谷宽谷的成因，主要存在两种观点，主流观点认为西谷宽谷是河流地貌发育到壮年期时所形成的宽谷地貌，即壮年期河谷；而另一种观点则认为该宽谷是山岳冰川所形成的槽谷，即冰川U形谷。此外，西谷上段的谷底和谷坡上覆盖有棕红色堆积物，表明该段西谷在中更新世堆积棕红色堆积物前已经形成，并且其后所受河流侵蚀较弱。

2）东谷宽谷

该宽谷位于东谷向斜谷庐山大厦以上部分。该谷地同样宽阔而平坦，谷坡较陡，横断面呈宽深U形，呈现典型的宽谷形态，并且在会议旧址上方两侧谷坡发育了交错山嘴，在谷底或坡麓也普遍覆盖棕黄色和棕红色堆积物。在东谷宽谷以下，谷地开始变窄，发育了峡谷。关于东谷宽谷的成因，也主要存在两种观点。主流观点认为东谷宽谷是河流地貌发育到壮年期时所形成的宽谷地貌，而庐山大厦以下的V形谷地则是河流地貌发育到幼年期的峡谷。另一种观点则认为该宽谷是山岳冰川所形成的槽谷，即冰川U形谷，其下方的峡谷则是后期流水侵蚀所致。

3）大校场宽谷

该宽谷位于大校场单斜谷内。该谷地横断面呈宽而浅的U形，谷底宽浅开阔，位于大月山一侧的谷坡陡而长，而位于女儿城一侧的谷坡缓而短。目前，大校场谷地内的大校场河，其源头是大月山水库，流经大校场，最终注入芦林湖。关于大校场谷地的成因，同样存在两种观点。主流观点认为该宽谷是河流地貌发育到壮年期时所形成的宽谷地貌，另一种观点则认为是山岳冰川所形成的槽谷，即冰川U形谷。

4）窑洼宽谷

该宽谷位于窑洼单斜谷内。该谷地横剖面呈宽深的U形，谷底平坦，分布着众多建筑物，是庐山民居主要分布区之一，而谷坡较陡，高出谷底约百米。窑洼东北边缘和剪刀峡连接，谷地开始变得狭窄，横剖面呈V形，纵比降加大，并且自峡谷谷口到峡谷出山口下降约1000 m。由此可见，在窑洼和剪刀峡之间存在一个裂点，称为窑洼裂点，海拔约1000 m。窑洼裂点和前述的芦林裂点、天桥裂点、庐山大厦裂点都属于旋回裂点，并且海拔均为1000 m左右，共同反映了庐山北部山区河流因庐山断块抬升溯源侵蚀所到达的最高位置。关于窑洼的成因，同样存在两种主要的观点。主流观点认为窑洼是河流地貌发育到壮年期时所形成的宽谷，另一种观点则认为窑洼是冰川作用形成的冰窖（粒雪盆）。

5）青莲谷宽谷

该宽谷位于青莲谷向斜谷索道口以上部分。该谷地横断面呈宽浅的U形，谷底开阔平坦，谷坡平缓，谷地有较多建筑物。在青莲谷宽谷以下，谷地开始变窄，发育了峡谷。关于青莲谷宽谷的成因，也主要存在两种观点。主流观点认为青莲谷宽谷是河流地貌壮年期的宽谷，而青莲谷宽谷下方则是河流地貌幼年期的峡谷。另一种观点则认为青莲谷宽谷是山岳冰川所形成的槽谷，即冰川U形谷，其下段的峡谷则是后期流水作用形成的。

6）王家坡宽谷

该宽谷位于王家坡向斜谷内。该谷地横剖面呈巨大而宽浅的U形，谷底比较平坦。但是，谷地左右并不对称，左侧较陡，右侧较缓，并且在左侧下段发育了一条较小峡谷，形成了谷中谷现象。王家坡谷地内分布着很多裸露的巨大砾石，而出山口处存在多道垄岗状的丘陵。关于王家坡谷地的成因，一种观点认为该谷地是经过流水作用改造的向斜构造谷地，是河流地貌壮年期的宽谷；另一种观点认为王家坡谷地是一个大型的冰川槽谷，称为王家坡U形谷。

2. 峡谷

1）锦绣谷峡谷

锦绣谷峡谷位于庐山西北部边缘，是介于虎背岭和佛手岩之间的峡谷，开口指向NW。锦绣谷构造上位于虎背岭背斜的轴部，岩层产状近乎水平。锦绣谷岩层属于莲沱组下部（Nh_1l_1），由五老峰砂岩构成，岩性坚硬。锦绣谷是河流循着张性断裂溯源侵蚀而形成的。在锦绣谷所在的部位，一条NW向小断裂穿过虎背岭背斜轴部，导致岩层破碎、节理发育，形成断裂破碎带，容易发育河流。其后，随着庐山山体第四纪强烈抬升，侵蚀基准面相对下降，虎背岭西北侧的河流发生回春作用，河流循着断裂破碎带发生强烈的下切侵蚀，进而形成了谷底狭窄、谷坡直立的峡谷，这种峡谷称为嶂谷或巷谷。锦绣谷嶂谷两侧的断层崖出露得十分清晰。

2）剪刀峡峡谷

该峡谷位于庐山西北部、望江亭下方，是处于虎背岭和小天池山之间的剪刀状峡谷，开口指向NW。剪刀峡构造上位于虎背岭背斜轴部和东南翼（或东谷向斜西北翼）上，类似于锦绣谷。剪刀峡岩层属于莲沱组下部（Nh_1l_1），由五老峰砂岩构成，岩性坚硬，发育了高耸的崖壁。剪刀峡是河流循着张性断裂溯源侵蚀而形成的。在剪刀峡所在的部位，存在一条NW向张性断裂横切虎背岭背斜的轴部，称为剪刀峡断层。该断层导致此处岩层节理发育、岩石破碎。随着庐山山体第四纪强烈抬升，河流发生回春作用，河流循着剪刀峡断层破碎带发生溯源侵蚀，并且下蚀作用强烈，形成了谷底狭窄、谷坡直立的剪刀峡。

3）汉口峡峡谷

该峡谷位于庐山中部，是处于女儿城和屋脊岭之间的一段小峡谷，开口指向NW。汉口峡构造上位于大月山背斜西北翼（或东谷向斜东南翼），岩层倾向NW。汉口峡岩层属于莲沱组中上部（$Nh_1l_2^2$），由女儿城砂岩构成，两侧岩石坚硬。汉口峡是河流循着张性断裂溯源侵蚀而形成的。由于汉口峡处是一条NW向张性断裂经过的地方，于是长冲河源头循着该断裂发生溯源侵蚀，切穿了原先屋脊岭和女儿城连成的女儿城砂岩山体，最终形成了一条短小的谷底狭窄、谷坡陡峭的峡谷。汉口峡上部两侧的断层崖也出露得十分清晰。

4）石门涧峡谷

该峡谷位于庐山西部边缘，是一条介于铁船峰和石门峰之间的短小深切峡谷，开口指向NW。因该峡谷两侧谷坡直立，形似一道石门，故称为石门涧。石门涧构造上位于虎背岭背斜轴部，岩层近乎水平。此处岩层主要是莲沱组下部（Nh_1l_1），由五老峰砂岩构成，岩性坚硬。关于石门涧峡谷的成因，同样是河流循着张性断裂溯源侵蚀。在石门涧峡谷位置存在NW向的铁船峰断层，将军河沿着该断层破碎带发生溯源侵蚀，最终形成了呈现嶂谷形态的石门涧峡谷。庐山的多次抬升应是此处河流发生溯源侵蚀的重要原因。

5）三叠泉峡谷

该峡谷位于庐山东南部，是一条深切于五老峰之间的峡谷，开口指向SE。三叠泉构造上位于五老峰背斜轴部，岩层属于莲沱组下部（Nh_1l_1），由五老峰砂岩构成，岩性坚硬，产状近乎水平。同时，这里有NW向横断裂通过，导致岩层破碎、节理发育，易受外力风化侵蚀的影响。第四纪时期庐山曾发生多次构造抬升，河流发生回春作用，多次沿断裂带发生溯源侵蚀，使得三叠泉谷地受到多次下切侵蚀，形成了如今两坡壁立的嶂谷地貌。

3. 河流裂点

1）大月山水库裂点

大月山水库裂点位于大月山水库大坝正下方、汉口峡源头，海拔约1230 m。在汉口峡所在的位置，一条NW向张性断裂穿过女儿城单斜山，导致此处岩层破碎、节理发育，极易发育河流。长冲河支流沿着该断裂破碎带下切并发生溯源侵蚀，在汉口峡源头的大月山水库位置形成了大月山水库裂点。这种因局部断裂发育，岩层破碎，河流沿断裂溯源侵蚀而形成的裂点，称为构造裂点。大月山水库裂点上方是大校场宽谷源头地区，下方是汉口峡峡谷。

2）天桥裂点

该裂点位于如琴湖大坝的正下方，海拔约1000 m。在天桥所在的位置，一条

NW 向张性断裂穿过虎背岭背斜轴部，导致岩层破碎、节理发育。第四纪时期庐山发生断块抬升后，虎背岭西北侧的锦绣谷河循着该张性断裂的破碎带发生溯源侵蚀，最终在天桥处切穿了虎背岭，袭夺了原本流向石门涧的西谷河，并形成了天桥裂点。这种因构造抬升、河流溯源侵蚀而形成的裂点，称为旋回裂点。天桥裂点上方是西谷宽谷，下方是锦绣谷峡谷。

3）庐山大厦裂点

该裂点位于庐山大厦下方、长冲河中部，海拔约 980 m。该裂点是由于庐山构造抬升、河流溯源侵蚀而形成的旋回裂点。在第四纪时期，庐山曾发生过多次断块抬升，当某一次断块抬升发生后，在庐山边缘断层发生错断的地方，河谷坡度增大形成裂点，河流随即发生回春作用，溯源侵蚀能力增强，裂点向河流上游方向后退，目前上溯至庐山大厦附近，形成了庐山大厦裂点。该裂点以上是东谷宽谷，以下是典型的峡谷。

4）芦林裂点

该裂点位于芦林大坝的正下方，海拔约 980 m。该裂点的成因和天桥裂点、庐山大厦裂点类似，也是由庐山断块抬升，长冲河支流溯源侵蚀共同作用而形成的。芦林裂点上下河谷形态同样存在显著差异，裂点以上的大校场谷地是典型的宽谷，横剖面呈宽浅 U 形，纵剖面平缓，而裂点以下的长冲河支流谷地则是典型的峡谷，横剖面呈 V 形。

5）窑洼裂点

该裂点位于窑洼谷口、剪刀峡源头，海拔约 1000 m。在剪刀峡所在的位置，NW 向剪刀峡断层横切虎背岭背斜。在庐山断块抬升背景下，虎背岭西北侧的剪刀峡河沿着断层破碎带溯源侵蚀，在窑洼谷口位置形成了窑洼裂点。窑洼裂点和前述的天桥裂点、庐山大厦裂点都属于旋回裂点，并且海拔均为 1000 m 左右，共同反映了庐山北部山区河流因庐山断块抬升溯源侵蚀所到达的位置。

6）黄龙潭裂点

该裂点位于玉屏峰西北坡，海拔约 820 m。在黄龙潭处有一条 NW 向张性断裂经过，发生了右旋运动，在长冲河支流河谷中形成了一个规模较小的裂点，称为黄龙潭裂点。这种由于局部断裂构造而形成的裂点，称为构造裂点。长冲河支流流经该构造裂点形成了较大的水头落差，水头高约 12 m，形成黄龙潭瀑布，此处谷地横剖面呈 V 形。

7）乌龙潭裂点

该裂点位于东谷下部，海拔约 810 m。乌龙潭位于东谷向斜轴部，岩层基本水平，垂直节理发育。经过长冲河长期的侵蚀，河床基岩节理裂隙逐渐扩大，并且发生崩塌，形成了一个规模较小的裂点，称为乌龙潭裂点。这种由于局部节理发育而形成的裂点，也称为构造裂点。长冲河流经该构造裂点也形成了较大的水头落差，水头高约 6 m，形成了乌龙潭瀑布。

8）电站大坝裂点

该裂点位于电站大坝正下方，海拔约 800 m。该裂点位于东谷向斜西北翼（或虎背岭背斜东南翼），岩层属于莲沱组中上部（$Nh_1l_2^2$），由女儿城砂岩构成，岩性较坚硬。电站大坝裂点是长冲河和将军河的分界点，也是一处旋回裂点。大坝以上的长冲河宽谷，谷地宽浅，而大坝以下的将军河 V 形峡谷，谷地狭窄陡峭，并且谷底发育了很多壶穴。

9）石门涧裂点

该裂点位于石门涧悬索桥下方，海拔约 500 m，处于虎背岭背斜轴部，岩层近乎水平。石门涧裂点同样是一处旋回裂点，是由庐山断块抬升、河流溯源侵蚀而形成的。石门涧裂点是庐山地区最低或最新的一级旋回裂点，反映了庐山地区最近一次因断块抬升河流溯源侵蚀所到达的高度。石门涧裂点上下河谷形态同样存在显著差异，裂点以上是将军河中段宽谷，而裂点以下则是石门涧嶂谷。

10）三叠泉裂点

该裂点位于三叠泉上方，海拔约 600 m，处于五老峰背斜轴部，岩层近乎水平。三叠泉裂点同样是一处旋回裂点，由庐山断块抬升、河流溯源侵蚀而形成的。该裂点与石门涧裂点类似，是庐山地区最低或最新的一级旋回裂点，反映了庐山地区最近一次因断块抬升河流溯源侵蚀所到达的高度。三叠泉裂点上下河谷形态同样存在显著差异，裂点以上宽谷，而裂点以下则是嶂谷。三叠泉裂点形成的三叠泉瀑布水头高约 150 m，其中第一叠水头高约 20 m、第二叠水头高约 40 m、第三叠水头高约 90 m。

4. 河流袭夺

1）锦绣谷河流袭夺

锦绣谷河袭夺西谷河，河流袭夺发生在天桥附近。在天桥以上是西谷宽谷，谷底平坦，天桥以下是锦绣谷峡谷，谷底坡度大，鲜有平地。这种谷地形态发生显著改变的现象，表明此处发生了河流袭夺，具体而言是锦绣谷河袭夺了西谷河上游。如前所述，在天桥附近一条 NW 向小断裂切过虎背岭背斜轴部，导致此处岩层破碎、节理发育。第四纪时期，当庐山发生断块抬升运动，虎背岭西北侧的锦绣谷河容易沿着断裂破碎带发生溯源侵蚀，在天桥附近切穿了虎背岭，最终袭夺了原本流向石门涧的西谷河上游。

锦绣谷河袭夺西谷河后，其水量增加，下蚀作用增强，在天桥附近形成了天桥裂点，海拔约 1000 m。西谷河上游的流向由原来 SW 向改为 NW 向，发生了近乎直角拐弯，形成了天桥袭夺弯。而被夺的西谷河上游与断头河之间的分水岭，称为花径风口，现为花径公园所在地。天桥裂点、天桥袭夺弯和花径风口是锦绣谷河袭夺西谷河的重要地貌标志。需要强调的是，目前天桥裂点上溯不远，天桥裂点和天桥袭夺弯几乎处于同一位置，并且西谷中晚更新世棕黄色堆积物覆盖谷底，尚未受到明显侵蚀破坏，表明锦绣谷河袭夺西谷河的时代当在晚更新世或更晚。

2）汉口峡河流袭夺

长冲河支流袭夺了大校场河，河流袭夺发生在大月山水库附近。大月山水库又称汉口峡水库，位于汉口峡上部、大校场河源头，是一座人工修建的水库，主要用于供应牯岭镇生活用水。该水库所在地原是汉口峡上部、大校场河源头的一处洼地，后经过人工筑坝形成了大月山水库。大月山水库原来是一处由河流袭夺而形成的裂点，河流袭夺就发生在大月山水库附近，具体而言是长冲河支流（汉口峡河）袭夺了大校场河。长冲河支流循着汉口峡断裂破碎带发生溯源侵蚀，在大月山水库附近蚀穿了女儿城，最终袭夺了原来流向芦林湖的大校场河源头地区。

长冲河支流袭夺大校场河后，在大月山水库附近形成了大月山水库裂点，海拔约 1230 m。大校场河源头的流向由原来的 SW 向改为 NW 向，发生了近乎直角拐弯，形成了大月山水库袭夺弯。而被夺的大校场河源头与断头河之间的分水岭，称为大月山水库风口。大月山水库裂点、袭夺弯和风口是长冲河支流袭夺大校场河的重要地貌标志。

3）三叠泉河流袭夺

三叠泉河袭夺七里冲河，河流袭夺发生在三叠泉附近。如前所述，三叠泉附近有一条 NW 向横断裂横切五老峰背斜，导致岩层破碎、节理发育，极易受到外力风化侵蚀。五老峰东南侧的河流受到构造抬升的影响，循着这条构造破碎带发生溯源侵蚀，切穿了五老峰背斜，最终袭夺了七里冲河，使七里冲河的流向由原来的 NE 向改为 SE 向，发生了近乎直角拐弯，形成了三叠泉袭夺弯。

三叠泉河袭夺七里冲河后，在三叠泉附近形成了三叠泉裂点，海拔约 600 m。河流流经该旋回裂点形成了较大的水头落差，造就了三叠泉瀑布。至于三叠泉三级台阶的成因，应该和此处水平岩层产状、河流溯源侵蚀以及重力崩塌等因素有关。

（五）鄱阳湖湖滨地貌观测与分析

鄱阳湖北部与庐山东南麓相邻。在内外力共同作用下，鄱阳湖湖滨地带形成了一系列的湖滨地貌，其中由松散沙粒组成的沙山尤为独特。野外运用区域地形图、遥感影像、地质图，结合实际观察与测量，掌握鄱阳湖湖滨地貌类型、分析沙山地貌的成因。

1. 鄱阳湖

鄱阳湖位于江西省北部，与庐山东南麓相邻。鄱阳湖湖面狭长，呈 NNE 向延伸，宽度可达 6～8 km，面积 2933 km^2，是我国第一大淡水湖。鄱阳湖北部为南部广大水域通往长江的狭窄出口水道，称为星子-湖口通道。

鄱阳湖位于温泉断裂的下降盘上，因断层错动发生陷落，形成了狭长的 NNE 向地堑式洼地，因此鄱阳湖其实是一个构造断陷湖。古赣江就是沿着该断陷带发育形成的，地堑式洼地被水淹没形成了鄱阳湖，其时代应该是在晚更新世以后。全新世以来，鄱阳湖湖滨一带出现了明显的沉溺作用，塑造了一系列独特的湖滨侵蚀地貌，如岬湾曲折的湖岸、湖岛、湖蚀崖、陆连岛等。这些湖滨地貌的特点不仅表明了鄱阳湖成湖时代较晚，而且也反映了湖岸有相对下沉的趋势。

在枯水季节，鄱阳湖水位下降明显，湖面收缩，洲、滩广泛出露。湖底有水下河道，蜿蜒于湖底平原之上，在河道的两侧还有水下天然堤、边滩和残留的汊道。这一系列地貌类型，并非完全为现代湖水动力所能塑造，而是湖侵时代较晚，湖面沉积尚未及填平，以及干旱时期通道仍保留河流的一些水动力特征的缘故。

2. 沙岭沙山

鄱阳湖湖滨沙山的海拔一般在 40～50 m，主要分布于北部长江沿岸地带、中部星子-都昌水道沿岸地带和南部新建区-丰城市赣江西侧沿岸低山丘陵地带。其中，沙岭沙山位于星子镇鄱阳湖畔，邻近都九高速。该沙山总体上南高北低，平面形态呈橄榄球状，长轴近南北向，面积约 10 km^2。沙山东缘因受到湖水侵蚀，形成比较平直的岸线，且岸坡较陡，地层出露良好。

沙岭沙山的表面呈现有规律的起伏，特别是在东部临湖一侧，发育了一系列近平行排列的沙垄，其中较为典型的沙垄有 19 条，沙垄的走向为 NNE-SSW 向（约 30°），与鄱阳湖湖颈段的走向一致。沙垄脊线较平直，但沙垄长度不一，短者数十米，长者近千米，多数百余米。同时，这些沙垄向西南方向有合并的趋势，越靠近湖滨，沙垄数量越多，且高度和宽度越小，沙垄之间的槽型凹地具有迎风口宽而深、背风口窄而浅的特征。同时，沙垄内部具有水平层理构造，未发现交错层理。

据研究，沙岭沙山上的沙垄并不是纵向沙丘地貌，而是风蚀地貌。该沙山开始堆积于约 20 kaB.P.以前的末次冰期，在较强的冬季风及狭管效应的作用下，古赣江的河漫滩受风蚀后沙粒被搬运到沙山堆积。此后，东亚冬季风进入最强时段（18～14 kaB.P.），古赣江河漫滩沙源供应减少，沙山物源减少。在更加强劲的偏北风作用下，原先的沙山由堆积转为侵蚀，发育槽型风蚀坑（槽型凹地），并形成其间的沙垄。时至今日，现代风仍然作用于沙山表层，往往形成沙波、小型新月形沙丘和风蚀洼地等风成微地貌。

四、代表性观测点

1. 气象站、含鄱口

（1）观测类型：庐山地貌概况、南北山地貌差异。

（2）地貌特征：庐山北山出露新元古界南华系下统莲沱组石英砂岩，岩石抗风化侵蚀能力强，山体险峻，岭谷相间分布，形成了平行岭谷；庐山南山出露古元古界星子岩群、中元古界双桥山群岩浆岩和板岩，岩石抗风化侵蚀能力较弱，山体整体较矮，并且山顶常呈浑圆状。

2. 大月山、五老峰

（1）观测类型：褶皱构造地貌。

（2）地貌特征：庐山北山由于受到水平挤压力的作用，形成了“三背两向”的褶皱构造地貌格局。沿背斜顶部发育了背斜山，沿向斜底部发育了向斜谷，沿褶皱两翼坚硬岩层发育了单斜山，而沿着褶皱两翼软弱岩层易发育单斜谷。

3. 险峰、望江亭、龙首崖

（1）观测类型：断层构造地貌。

（2）地貌特征：庐山周边和内部分布着多条断层，形成了由断层崖环绕的地垒式断块山地貌。沿 NE 向的边缘大断裂（莲花洞断层和温泉断层），庐山边缘发育了虎背岭断层崖和五老峰断层崖。同时，由于庐山内部一些 NW 向小断裂的作用，也形成了多处断层构造地貌。

4. 庐山大厦、电站大坝、悬索桥

（1）观测类型：宽谷、峡谷和旋回裂点。

（2）地貌特征：庐山地区河流循构造线发育，发育了类型多样的河谷地貌。庐山河流的河谷形态十分独特，与常态河谷存在很大差异，即河流的上游往往表现为宽谷，而下游一般表现为峡谷，两者之间则通过瀑布或裂点过渡，常具有多个“宽谷—裂点—峡谷”河谷地貌组合。

5. 黄龙潭、乌龙潭

（1）观测类型：构造裂点。

（2）地貌特征：在黄龙潭处有一条 NW 向张性断裂经过，形成了一个规模较

小的裂点，称为黄龙潭裂点。在乌龙潭处岩层垂直节理发育也形成了一个规模较小的裂点，称为乌龙潭裂点。由于局部小断裂构造或局部节理发育而形成的裂点，称为构造裂点。

6. 天桥、大月山水库、三叠泉

（1）观测类型：河流袭夺。

（2）地貌特征：由于庐山独特的地质构造条件，庐山水系多呈现格子状水系形态，并且河流分水岭移动频繁，容易发生河流袭夺现象。在天桥、大月山水库和三叠泉等地发生过河流袭夺，形成了袭夺弯、风口和裂点等标志地貌。

7. 鄱阳湖沙岭沙山

（1）观测类型：鄱阳湖湖滨地貌。

（2）地貌特征：鄱阳湖湖滨存在一系列独特的湖滨侵蚀地貌，形成了岬湾曲折的湖岸、湖岛、湖蚀崖、陆连岛等。鄱阳湖湖滨沙岭沙山发育了多条平行排列的沙垄，与鄱阳湖湖颈段的走向一致。这些沙垄可能是风蚀地貌，而不是纵向沙丘地貌。现代风仍然作用于沙山表层，形成了沙波、小型新月形沙丘和风蚀洼地等风成微地貌。

第三节　地貌野外实习总结

经过庐山地区地貌野外实习的训练，学生们切实做到了理论联系实际，掌握了地貌野外实习方法，并且获得了大量野外实习工作的第一手资料。通过分析和总结这些资料，将能够真正把握地貌学理论知识的丰富内涵，并深刻理解地貌学研究的理论与实践意义。

一、实习汇报建议选题

（1）庐山地貌发育特征及其指示意义。

（2）庐山新构造运动的地质地貌证据。

（3）第四纪庐山构造抬升的过程及其证据。

（4）庐山存在第四纪冰川作用遗迹吗？

（5）庐山地貌特征及其对其他自然地理要素的影响。

二、实习分报告建议提纲

地貌野外实习结束后，建议撰写地貌实习分报告。该分报告是对地貌野外实习内容图文并茂的全面总结。报告的内容一般应包括如下几方面。

前言

主要包括地貌野外实习的时间、地点、参与人员、方式，实习内容和目的、要求，实习完成情况等。

第一章 构造背景与地层

主要包括庐山地区的构造背景、地层组成、岩石岩性等。

第二章 地貌类型及成因分析

主要包括对庐山地区各种地貌类型进行全面阐述，并以典型地貌剖面为切入口，描述其变化及成因；总结庐山地区地貌组合特征及其发育过程。

第三章 新构造运动讨论

主要包括分析庐山地区新构造运动的主要表现形式，如它们的性质、幅度和强度等，以及新构造运动对第四纪沉积及地貌发育的影响。

第四章 结论

主要包括地貌野外实习的主要结论。

参考文献

主要包括实习报告撰写过程中所引用的书籍、论文、报刊、网页等资料。

思考题

1. 庐山地区地质构造特征。
2. 庐山地区基本地貌类型。
3. 庐山南山和北山地貌差异及其原因。
4. 庐山地区褶皱构造地貌的类型及特征。
5. 庐山地区断层构造地貌的类型及特征。
6. 天桥和龙首崖发育的原因。
7. 庐山平行岭谷地貌的形成原因。
8. 庐山地区河谷地貌的类型、特征及其成因。
9. 庐山地区易发生河流袭夺现象的原因。
10. 庐山仙人洞的岩性特征与成因。
11. 庐山黄龙潭瀑布、乌龙潭瀑布和三叠泉瀑布的成因。
12. 举例说明庐山地区河流裂点的类型。
13. 庐山地区旋回裂点分布特征及其原因。
14. 新构造运动对庐山河谷地貌发育的影响。
15. 鄱阳湖湖滨沙山地貌发育的原因。
16. 庐山地貌发育对区域构造运动的指示意义。

第三章　庐山地区气象气候野外实习

庐山地区受地形影响，山地气候明显，与周边平原地区存在显著差异。同时，庐山还存在多种局地小气候以及上坡雾、云海等独特的气象景观。庐山地区气候类型的多样性以及气温、气压、湿度和降水等气象要素随海拔变化的规律，为开展气象学与气候学野外实习提供了丰富的实习内容。本章主要从气象气候概况、实习内容、实习总结三个部分进行阐述。

第一节　气象气候概况

庐山位于我国东部中低纬度地区，距海 500～600 km。在大气候背景下，庐山地区基带属于东亚季风气候下的中亚热带季风气候。受山地地形的影响，庐山地区山体气候具有显著的垂直地带性特征。此外，庐山地区起伏不平，形成迎风坡、背风坡和谷地等多种局地小气候类型。

一、气候特征

（一）气压

气压是大气柱对地表产生的压强。随着山地海拔的升高，空气柱的高度降低，质量也随之降低，气压值递减。庐山山上（牯岭镇）年平均气压为 885.6 hPa（表 3-1），低于山下的西北坡麓的九江市和东南坡麓的庐山市气象站（原星子县气象站）气压值，庐山地区气压的垂直递减率为 10.8 hPa/100 m。

表 3-1　庐山与周边地区气压对比表（1991～2020 年平均）

站名	北纬/（°）	东经/（°）	观测场海拔/m	气象传感器海拔/m	1 月气压/hPa	7 月气压/hPa	年平均/hPa
庐山	29.58	115.98	1164.5	1165.4	889.3	880.2	885.6
九江市	29.73	116.00	36.1	37.1	1017.4	995.5	1007.1
庐山市	29.45	116.05	37.1	38.3	1021.6	999.9	1011.2
井冈山	26.58	114.02	843.0	848.4	925.5	913.8	920.3
黄山	30.13	118.15	1840.4	1841.4	817.1	814.2	816.5

庐山气压和周边地区的季节变化都表现为冬季气压高，夏季气压低，具有大陆性气候的特点。气压变化率不如气温和降水明显。庐山冬季（1 月）气压值高于年平均值 3.7 hPa（变化率为 0.42%），夏季（7 月）气压值低于年平均值 5.4 hPa（变化率为–0.61%）。

（二）太阳辐射和日照

太阳辐射是地表获得热能的主要来源，受地理纬度、海拔、天气状况等多种条件约束。总体上，太阳辐射总量随着海拔有上升的趋势。庐山地区山地上部获得的太阳辐射总量为 460×10^3～586×10^3 J/（$cm^2\cdot a$），高于西北部九江市的 428×10^3～477×10^3 J/（$cm^2\cdot a$）。

日照时数指一天内太阳直射光线照射地面的时间（h）。日照百分率，即实际日照时间与可能日照时间（全天无云时应有的日照时数）之比。它表明了气候条件（主要是云、雨、雾、尘、沙等）减少了多少日照时间（%）。庐山牯岭镇的日照时数和日照百分率分别为 1628.6 h 和 37%，略低于山下九江市和庐山市（表 3-2 和表 3-3）。此外，受天气条件（云雾）的影响，每年 5～9 月牯岭镇日照时数和日照百分率低于山下九江市和庐山市。

表 3-2　庐山与周边地区日照时数对比表（1981～2020 年平均）　（单位：h）

站名	1 月	2 月	3 月	4 月	5 月	6 月	7 月	8 月	9 月	10 月	11 月	12 月	全年
庐山	112.3	102.4	112.9	130.4	136.5	111.4	175.7	153.9	147.6	158.8	144	142.7	1628.6
九江市	86	90.3	109.6	135.3	148.8	133.9	197	188.7	158	152.5	124.4	113	1637.5
庐山市	88	90.3	104	128.6	141	123.9	197.6	198.8	176.1	164	133.9	122	1668.2
井冈山	70.6	67.5	67	88.2	96	93.6	159.9	139.2	118.4	125.5	117.5	113.2	1256.6
黄山	142.4	129.7	136.5	144.6	152.2	99.6	123.3	112	124.7	168.9	159.6	164.3	1657.8

表 3-3　庐山与周边地区日照百分率对比表（1981～2020 年平均）　（单位：%）

站名	1 月	2 月	3 月	4 月	5 月	6 月	7 月	8 月	9 月	10 月	11 月	12 月	年均
庐山	35	32	30	34	32	27	41	38	40	45	45	45	37
九江市	26	29	29	35	35	32	46	47	43	43	39	36	37
庐山市	27	29	28	33	33	30	46	49	48	47	42	38	38
井冈山	21	21	18	23	23	23	38	35	32	35	36	35	28
黄山	44	41	37	37	36	24	29	28	34	48	51	52	38

（三）气温

气温高低受大区域地理纬度、海陆分布因素的影响。气温高低还与海拔及局部地形有密切联系。庐山牯岭镇年均气温12.20℃，与山下九江市和庐山市相比，牯岭镇年均气温分别低 5.64℃和 5.73℃。冬季（1 月）庐山平均温度为 0.6℃，比山下低 4.3～4.7℃，较为严寒；夏季（7 月）庐山平均温度为 22.5℃，比山下低 6.6～7.3℃，较为凉爽（表 3-4）。

表 3-4　庐山与周边地区月气温对比表（1991～2020 年平均）　（单位：℃）

站名	气温	1 月	2 月	3 月	4 月	5 月	6 月	7 月	8 月	9 月	10 月	11 月	12 月	年平均
庐山	平均	0.6	2.9	6.7	12.5	16.8	19.8	22.5	21.8	18.1	13.3	8.5	2.9	12.20
	最高	19.4	20.5	24.6	26.8	29.3	29.9	31.9	31.9	30.2	28.5	25.1	18.9	—
	最低	–15.3	–12.2	–10.4	–5.1	3	10.2	12.3	12.8	5.6	–0.4	–8.7	–16.7	—
九江市	平均	4.9	7.5	11.5	17.8	22.8	26.1	29.8	28.7	24.8	19.6	13.3	7.3	17.84
	最高	24.1	29.1	31.8	34.1	36.9	37.8	40.9	40.9	38.9	35.6	31.3	22.3	—
	最低	–4.2	–3.7	–1	3.6	10.8	17	19.8	17.8	14.5	8.2	–0.7	–6.7	—
庐山市	平均	5.3	7.8	11.7	17.7	22.7	25.8	29.1	28.9	25.2	19.9	13.5	7.5	17.93
	最高	23.6	27.3	30.5	33.6	35.1	36.1	38.4	38.9	37.5	34.7	29.6	22	—
	最低	–7.3	–4.8	–2.2	3.1	10.9	17.5	18.5	18.6	14.6	6.8	–1.4	–9.5	—
井冈山	平均	3.8	6.2	9.8	15.4	19.4	22.2	24.1	23.5	20.6	16.1	11.1	5.7	14.83
	最高	22.7	27.2	30.6	33	32.9	34.4	36.7	35.1	33.4	32.4	29	22.9	—
	最低	–9.4	–6.8	–5.8	–0.7	6	11.3	12.7	13.4	9.3	1.3	–3.7	–10.1	—
黄山	平均	–1.8	0.1	3.5	8.6	12.8	15.6	18	17.7	14.3	9.9	5.6	0.1	8.70
	最高	12.9	13.9	18.7	22.1	24.3	25	28	28.1	26	24.1	17.8	14.2	—
	最低	–22.2	–16.8	–15.9	–8.2	–0.9	5.4	9.4	7.2	1.6	–4.8	–19	–22.7	—

极端温度方面，庐山冬季（1 月）极端最低温度–15.3℃，比山下低 8.0～11.1℃。庐山平均一年有 7 个月（当年 10 月至次年 4 月）极端最低温度在 0℃以下，而山下九江市和庐山市平均一年有 5 个月（当年 11 月至次年 3 月）极端最低温度在 0℃以下。夏季受到西太平洋副热带高压影响，处于副高中心地带的长江流域出现酷暑天气。山下的九江市、庐山市正处于我国夏热中心之一的长江中下游河谷与鄱阳湖盆地之间，气温高、湿度大、天气闷热。庐山牯岭镇却与山下各地形成鲜明对比。牯岭镇 7 月早晚气温只有20℃左右，很少超过 25℃，极端最高气温只有31.9℃，低于山下九江市和庐山市 6.5～9.0℃。同时，还受山上空气密度较小，空气与地面热量交换过程较快，云雾多，植被茂盛以及环绕庐山的长江、鄱阳湖源源不断地输送具有冷却功能的水汽等因素的综合影响，庐山的气候显得凉爽宜人，

成为“火热夏季，清凉庐山”的避暑胜地。

庐山气温垂直递减率（γ）的平均值为0.51℃/100 m。牯岭镇海拔比九江市、庐山市高 1100 多米，年均气温比山下低 6 ℃左右，这与自由大气的气温垂直递减率（0.6℃/100 m）基本符合。值得注意的是，气温垂直递减率受季节、高度和地形等多种因素影响。一般夏季气温垂直递减率高于冬季，晴天高于阴天，凝结高度以下大于凝结高度以上。据研究，庐山 700 m 以上 γ 值显著减小（约为 0.3℃/100 m），与该高度以上阴雨日、雾日多，水汽凝结释放潜热有重要关系。同时，山地由于受到地形的影响，气流运行复杂，经常出现非规律性变化现象。

（四）降水

庐山牯岭镇多年平均降水量为 2065.6 mm（表 3-5）。与山下九江市、庐山市相比，牯岭镇多年平均降水量比山下平原多 500 mm 左右，这个数值大致相当于华北平原某些地区的多年平均降水总量。庐山山上的阴雨日数比山下同纬度平原地区多。据牯岭气象台的统计资料，牯岭镇 24 h 降水量≥0.1 mm 的日数年平均为 168.2 d，而山下九江市、庐山市分别为 141.6 d、139 d。庐山山上的阴雨天数与“天无三日晴”的贵阳相当，比山下九江市、庐山市多约 30 d。

表 3-5　庐山与周边地区降水对比表（1991～2020 年平均）

站名	降水	1月	2月	3月	4月	5月	6月	7月	8月	9月	10月	11月	12月	全年
庐山	P/mm	85.3	98.5	167.9	202.2	251.2	306.1	274.2	290.3	147.8	97.4	83.0	61.7	2065.6
	D/d	14.3	13.7	17.0	16.7	16.2	17.4	13.5	15.3	10.8	10.4	11.7	11.2	168.2
九江市	P/mm	80.7	99.2	147.6	166.6	186.0	229.3	170.0	123.3	74.3	73.5	73.5	54.0	1478.0
	D/d	12.6	12.4	15.9	14.5	13.9	14.1	10.7	11.2	8.1	8.5	10.3	9.4	141.6
庐山市	P/mm	67.2	83.2	145.3	183.8	210.6	250.5	202.8	139.5	69.5	51.2	63.8	41.7	1509.1
	D/d	12.4	12.2	15.4	15.0	14.6	15.7	11.3	10.5	6.9	6.7	9.4	8.9	139.0
井冈山	P/mm	71.4	89.6	163.4	168.6	225.1	308.5	253.5	281.3	162.9	78.8	78.0	58.8	1939.9
	D/d	16.1	15.8	20.9	19.6	21.5	20.4	17.9	20.8	16.3	11.8	12.5	12.9	206.5
黄山	P/mm	99.5	115.3	175.8	222.0	286.2	481.4	370.7	301.2	147.4	90.1	91.4	68.0	2449.0
	D/d	14.5	13.9	17.0	16.2	17.1	18.8	16.8	19.2	14.0	10.9	11.1	10.8	180.3

注：P 为累年月平均降水量（mm），D 为降水量>0.1 mm 的日数（d）。

庐山雨季长达 3 个月以上，4～8 月各月降水量均在 200～300 mm，雨季降水量占多年平均降水量的 64.1%，12～2 月降水量仅占多年平均降水量的 11.9%。庐山地区的降水主要集中在 6 月中旬前后，原因是长江中下游地区出现梅雨。山地的降水强度要比山下平原大得多，显示出地形对降水分布和强度的影响。另外，梅雨季节相对湿度大、云多、日照时间短、地面风力小。7 月上旬后，随着太平洋副热带高压进一步北移，雨带中心北移到黄淮流域，长江中下游进入副热带高压控制下的干燥而晴热的盛夏，庐山地区的降水量日渐减少，常有对流性热雷雨和冷锋雨出现，降水时间较短。至 9 月下旬后，则进入一年中的相对枯水季节。

一般来说，山地降水量的垂直分布在一定的高度范围内有随海拔的增高而增多的趋势，具体增减状况，取决于当时当地的气流运动、水汽含量和露点温度等条件。庐山地区降水量随高度的增高而降水增多的趋势十分明显，但并不是越高越多。分析庐山地区具体地形和气流来向可知，庐山地区降水量最丰富的地方，在庐山市植物园、含鄱口一带，其最大降水高度大约在 1300 m。

由此可以看出，庐山地区自山麓到山地上部，不仅气温存在着垂直变化，降水也存在着明显的差异。此外，局部地形的不同，导致局域小气候具有明显差别。

（五）蒸发

蒸发是物质从液态转化为气态的相变过程。蒸发量受到水源、气温、湿度、风速和下垫面性质等多种因素的影响。降水量扣除蒸发量后剩余的量通过地表径流、地下径流、壤中流的形式进入水循环中。

受气温、地形等因素的影响，庐山山上和山下的蒸发量有一定差异。根据资料（表 3-5 和表 3-6），庐山牯岭镇与九江市、庐山市的多年平均降水量（水分收入部分）与蒸发量（水分支出部分）存在着明显的差异。牯岭镇多年平均降水量比多年平均蒸发量多约 1050.9 mm，各月降水量均多于蒸发量，4～8 月降水量比蒸发量多均超过 100 mm。这是由于牯岭海拔高、降水较多、气温低，所以蒸发量不大，因而空气湿度大。山下九江市多年平均降水量比多年平均蒸发量多 44.6 mm，1～6 月降水量多于蒸发量，7～12 月各月降水量少于蒸发量。山下庐山市多年平均降水量比多年平均蒸发量少 159.8 mm，1～6 月降水量多于蒸发量，其余各月降水量少于蒸发量。山下站点在 7～8 月，梅雨期结束后，进入西北太平洋副热带高压控制下的高温酷暑，盛行下沉气流，降雨减少，出现季节性干旱。九江市和庐山市降水量相差不大，庐山市比九江市多 31.1 mm；但是蒸发量相差较多，庐山市比九江市多 228.8 mm。这可能是由于庐山市靠近鄱阳湖，水源充足。

表 3-6　庐山与周边地区蒸发量对比表（1991～2020 年平均）　（单位：mm）

站名	1 月	2 月	3 月	4 月	5 月	6 月	7 月	8 月	9 月	10 月	11 月	12 月	全年
庐山	37.3	42.2	63.7	92.8	111.9	100.5	141.0	109.9	94.4	93.5	73.9	53.6	1014.7
九江市	44.0	61.3	75.0	112.4	158.3	154.3	215.2	193.4	168.2	123.2	78.7	56.1	1440.1
庐山市	64.3	75.7	95.0	128.6	157.8	146.7	209.2	217.5	205.8	176.0	110.4	81.9	1668.9
井冈山	30.6	37.7	46.4	73.9	95.6	101.2	139.1	115.2	96.4	82.6	68.0	47.8	934.5
黄山	54.8	50.5	67.2	87.7	104.7	77.8	83.4	74.5	77.6	106.1	89.5	72.9	946.7

（六）风速和风向

庐山位于我国长江中下游地区，受强大的东亚季风环流影响，气候呈现温暖湿润、四季分明的特征。庐山受大范围气流活动影响，风向的季节转换相当明显，这是季风气候的重要标志。冬季，在蒙古-西伯利亚冷高压控制下，以偏北风为主，降水量减少；夏季，在西北太平洋副热带高压影响下，盛行偏南风，降水量显著增多（表 3-7）。

表 3-7　庐山与周边地区风速与风向对比表（1991～2020 年平均）

站名	风	1 月	2 月	3 月	4 月	5 月	6 月	7 月	8 月	9 月	10 月	11 月	12 月	年平均
庐山	最大/(m/s)	20	21	24	23	21	20	19.7	22.7	21	25	19	20	21.4
	平均/(m/s)	3	3.6	3.9	4	3.8	3.7	4.3	3.8	4.1	4	3.4	3.2	3.7
	WD	NNE	NNE	S	S	S	S	S	S	NNE	NNE	NNE	NNE	
	F/%	15	13	13	15	14	17	24	15	16	18	14	16	
九江市	最大/(m/s)	11	13	16	13	11	11.3	11	12	12.7	11.7	11.3	12.3	12.2
	平均/(m/s)	2.2	2.3	2.3	2.2	2.1	2	1.9	2.2	2.4	2.1	2.1	2.1	2.2
	WD	NE	NE	NE	NE	NE	NE	NE	NE	NE	NE	NE	NE	
	F/%	22	24	21	17	15	15	12	18	28	23	18	19	
庐山市	最大/(m/s)	16.7	19.7	23	21	16.2	22.9	23	17	15	18	15.3	20.3	19.0
	平均/(m/s)	3.2	3.3	3.2	2.9	2.6	2.6	2.8	3	3.4	3.3	2.9	3.1	3.0
	WD	NNE	NNE	NNE	NNE	NNE	NNE	SSW	NNE	NNE	NNE	NNE	NNE	
	F/%	29	27	24	18	15	13	13	21	35	33	25	26	
井冈山	最大/(m/s)	14	10.3	11	12	14.7	12.7	13	12.3	18.4	8	12	7.7	12.2
	平均/(m/s)	1.1	1.1	1.1	1.1	1.1	1	1.2	1.2	1.1	1.1	1.1	1.1	1.1
	WD	C	C	C	C	C	C	C	C	C	C	C	C	
	F/%	25	25	25	26	28	29	24	23	23	23	23	19	
黄山	最大/(m/s)	20.8	19.7	27	25.4	23.7	18.2	20.7	25.8	24.7	21.4	23.8	21.9	22.8
	平均/(m/s)	5.6	5.8	5.8	5.7	5.3	5.3	5.7	4.9	4.7	4.9	5.2	5.8	5.4
	WD	NW	NW	NW	NW	NW	WSW	缺测	E	E	E	NW	NW	
	F/%	16	12	11	11	9	11	缺测	12	17	12	11	16	

注：WD 为最多风向；*F* 为最多风向频率（%）；C 为静风。

庐山地区风向的季节变化与此地的地形条件有密切关系。庐山山体走向呈东北-西南向，而长江河谷的发育受淮阳弧的制约，它在九江市附近由西北再转向东北，自九江市向下游长江河谷的延伸与庐山山体走向基本一致，气流运动也顺应当地地形走势。所以，九江市、庐山市两地，全年以东北风最多。但是，庐山海拔高，不受其约束，夏季以南风为主，冬季多为偏北风。

庐山山上的风速与山下的庐山市、九江市有明显的不同，牯岭镇的风速最大。年平均风速，牯岭镇 3.7 m/s，庐山市 3.0 m/s，九江市 2.2 m/s。由于庐山为块状隆起山地，山上摩擦力比平原小，气流沿陡坡山地抬升，山地上部流线密集，风速也相应地增大。庐山市比九江市风速大，主要是由于前者面临辽阔的水域。

庐山夏季的风速高于冬季的风速。长江中下游处于我国亚热带气候与温带气候的过渡带，南北强气流频繁到达。春末夏初，长江中下游暖湿气流异常活跃，庐山的地形引起空气强烈不稳定，因不稳定的暖空气活动所引起的大风远比冷空气活动产生的大风强烈。

（七）云雾

古往今来，每提及庐山，人们就很容易将它和云雾联系起来，而苏东坡的名句“不识庐山真面目”更使不少谒山者对庐山云雾充满了一种好奇感。那么，这太虚幻境般的庐山云雾是如何形成的呢？实际上，它与庐山特有的气候特征、地形条件、地理因子等因素有关。庐山因受大范围天气系统影响，热带海洋气团在春末、夏季活跃，空气中水汽含量比较丰富，相对湿度增大，气流遇山地抬升，温度降低，有利于水汽凝结，因而多云雾，降水量也相应地多。降水量增多，又导致气温降低，更有利于水汽凝结。这种情况，在山地尤其明显。

牯岭镇年平均相对湿度为 77.7%，6～9 月各月平均相对湿度高达 84%～87%（表 3-8）。据相关资料记载，牯岭镇的年平均有雾日数达 190 d，而山下的九江市、庐山市全年有雾日数分别只有 4.2 d 和 8 d。

表 3-8　庐山与周边地区相对湿度对比表（1991～2020 年平均）　（单位：%）

站名	1 月	2 月	3 月	4 月	5 月	6 月	7 月	8 月	9 月	10 月	11 月	12 月	年平均
庐山	73	76	77	77	79	85	85	87	84	75	69	65	77.7
九江市	76	75	75	74	74	79	74	77	76	72	74	72	74.8
庐山市	73	73	75	75	75	80	78	76	71	67	70	70	73.6
井冈山	86	87	89	86	87	88	85	87	87	83	83	81	85.8
黄山	67	73	76	77	79	88	92	92	87	71	64	59	77.1

庐山的云雾主要有两种成因。一是具有充足的水汽物质条件。春末夏初，每年3～6月中旬，庐山先后受华南准静止锋、江淮准静止锋的影响，空气水汽含量显著增多，潮湿的气流循一系列峡谷或谷地抬升，并深入山体内部形成浓雾和云海，山上为云雾所笼罩，云雾线的高度较低，大致在600～700 m。此外，在准静止锋的天气系统影响下，形成层状云系，云层高度在800～1000 m。当云层薄，云层高度只有数百米时，则山地上部在云层之上，山上出现晴天，山下呈现阴天。二是庐山具有气流沿地形抬升冷却的环境条件。庐山山体孤立于平原之上，对平原地形下的地面锋路径具有明显的阻滞作用。例如，冬季从西北方向来的冷锋，锋的前缘因冷空气较薄，受庐山阻滞不能越过山体，锋面与地形相吻合。此时，庐山山体西北部将出现云海。庐山出现的云海，以锦绣谷、含鄱口等地表现特别明显。

据研究，2005～2015年，庐山云海平均年日数为134 d，每年6月云海日最多，为17 d，12月云海日最少，为5 d。在云海出现时云状多为碎积云，其次为层积云、碎雨云、积云，出现次数最少的为层云。庐山云海适宜的气象条件有：相对湿度≥82%，风速1.9～4.8 m/s，风向SSE和S等。有云海时逆温层底更高（300～2000 m），逆温层更厚（约1000 m），逆温强度更强（≥ 0.4℃/100 m）。

（八）四季

我国以候平均气温（5 日为一候）划分四季。候平均气温≥22℃为夏季，候平均气温≤10℃为冬季，介于二者之间为春、秋两季。庐山地处我国亚热带东部季风区域，气候受到大范围气候状况的制约，具有鲜明的季风气候。同时受到山地地形的影响，庐山山上季节表现出夏季短而冬季长，春季迟而秋季早，春季长于秋季的四季特色。

与山下比较，庐山牯岭镇春季比庐山市、九江市长约20 d，但春季开始时间为4月中旬，较山下约晚1个月。因此，庐山有“人间四月芳菲尽，山寺桃花始盛开”之说。庐山山上夏季从7月上旬开始至8月下旬结束，约50 d，较山下短75 d，季节开始落后一个月，又提前一个月结束。庐山山上秋季天数与山下差别不大，但开始与结束的时间均较山下早2个月左右。庐山冬季天数较长，达160 d左右，每年11月上旬开始，4月上旬结束，比山下长两个月，提前一个月到来，延后一个月结束。

（九）垂直气候带

在我国，气候带的划分通常采用日平均温度≥10℃持续期间的累计值（$\sum t$）——活动积温来确定（表3-9）。活动积温的计算方法主要是将大于等于10℃（生物学零度）持续期内的日平均气温累加起来，得到的气温总和。例如，已知某地某候日平均气温为11.0℃、9.5℃、10.5℃、9.8℃、10.2℃，则该候的活动积温为

11.0+10.5+10.2=30.7（℃）。以此类推可计算年积温。活动积温指标反映了地方气候对农作物所能提供的热量，广泛应用于农业气候分析、区划及气象预报中。

表 3-9　我国气候带划分对应的积温

气候带	≥10℃积温/℃	生长期/d	耕作制度	主要农作物	分布范围
寒温带	<1600～1700	0～100	一年一熟	春麦、马铃薯等	黑龙江省北部及内蒙古东北部
中温带	1600～3400	100～171	一年一熟	春麦、玉米、亚麻、大豆、甜菜等	东北、内蒙古大部分及北疆
暖温带	3100～4500	171～218	一年一熟至两年三熟	冬麦、玉米、棉花、花生等	黄河中下游大部分地区及南疆
北亚热带	4250～5300	218～365	一年二至三熟	水稻、冬麦、棉花、油菜等	秦岭—淮河以南，青藏高原以东
中亚热带	5000～6500				
南亚热带	6500～8000				
北热带	8000～9000	365	水稻一年三熟	水稻、甘蔗、天然橡胶等	海南全省和滇、粤、台三省南部
中热带	9000～10000				
南热带	＞10000				
高原气候区	＜2000	0～100	部分地区一年一熟	青稞等	青藏高原

注：根据《中华人民共和国气候图集》（气象出版社, 1979 年）修改。

根据上述标准，庐山东南坡的庐山市的活动积温为 5450.6℃，西北坡麓九江市的活动积温为 5399.8℃，庐山山麓符合中亚热带标准；牯岭镇的活动积温为 3295.5℃，符合中温带标准。

庐山地区气候垂直地带性规律明显（图 3-1）。基带九江市、庐山市海拔约 36 m，属于中亚热带。随着海拔升高，年活动积温下降，从基带至山顶，依次出

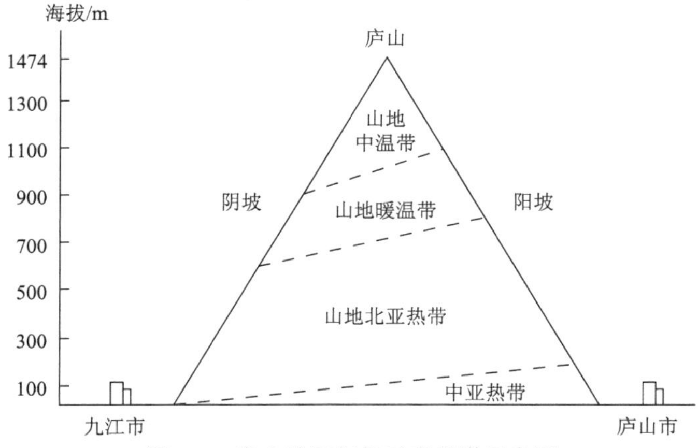

图 3-1　庐山地区气候垂直带谱示意图

现中亚热带、山地北亚热带、山地暖温带、山地中温带气候类型。同时，由于庐山处于北半球中纬度，山地南（阳）坡辐射量高于北（阴）坡，垂直气候带分界线南坡高于北坡约 200 m。

庐山地区地形起伏，孕育着多种小气候。主要小气候类型有谷地气候、平原气候、城市气候、水域气候等。

谷地气候见于东谷和秀峰地区，东谷在黄龙寺一带形成了中亚热带气候特征，秀峰寺内出现了南亚热带气候特征。黄龙寺位于东谷向斜底部、玉屏峰西北坡上，海拔 900 m 左右。按垂直自然带划分，该高度应属山地暖温带气候。但因谷地呈围椅状，为东北到西南走向并开小口于西北方向，周围玉屏峰、九奇峰等较高山岭自成天然屏障，温暖湿润的夏季风得以顺循谷口进入山间盆地内，水汽不易外泄反而汇聚，不能轻易逾越周边的山岭高度与自由大气交换，使气温升高。冬季一般强度较弱的偏北干冷气流，也因外围牯牛岭等山体阻挡而难以入侵盆地。所以其热量、水汽量较同高度丰厚，导致黄龙寺一带出现中亚热带气候特征的自然生态环境。

平原气候即见于庐山地区鄱阳湖平原一带，冷暖气流运移不受任何制约，加之提供水汽的众多河流水系和东部海域水汽的运送，此地春季春雨、初夏梅雨、盛夏酷暑、秋爽干旱、冬降水少。

城市气候见于长江中下游河谷的长江北岸，庐山西北坡麓的九江市，除受到湿润东亚季风气候和平原大气候影响外，还受到城市格局影响，出现阳伞效应、雨岛效应、城市热岛效应等城市气候特征。冬夏气温较平原其他地方高。

水域气候见于庐山市（原星子县），其位于我国最大淡水湖鄱阳湖边，在受到湿润东亚季风气候和平原大气候影响的同时，还受到水域对气候的明显调节作用，出现水域小气候现象。水域对气候的调节作用，使庐山东南坡麓的庐山市，夏季气温增高不明显。

二、气象景观

（一）云海

云海，是指在一定的条件下形成的云层，并且云顶高度低于山顶高度。当人们在高山俯首云层时，如临大海之滨，四周云涛翻涌。形成云海的云多是气象学上称为层积云的云，它一般是弱冷空气南下与暖空气相遇后，如果两者势力相当，便会在这一带形成准静止锋。即在山下为北方来的冷空气控制，吹北风，山上为西南暖湿气流控制，吹南风，处在两者交界面的暖湿空气由于过冷却作用发生凝结后，便形成了一层云。

庐山的云海几乎一年四季都能见到，以春季、初夏、冬季最多。其日变化是早晚完整较稳定，日出后由于热力作用，大气低层的稳定层逐渐被破坏，云往上涌，观赏性稍欠一些。观云海的最佳地点是牯牛岭、大小天池、含鄱口、五老峰等处。

（二）雨凇

雨凇，俗称冻雨或冰凌，它是当北方冷空气入侵时，近地面温度降到 0℃以下，而从云中落下的仍然是液态的过冷却小水滴，这些小水滴落到冰冷的地面、树上、电线上、建筑物上以及一切暴露在空中的物体上时，便会直接形成一层光亮而透明的冰层。

庐山的雨凇也较多，最早在 11 月中旬，迟至第二年 4 月还能见到，但雨凇单独出现的情况并不多，往往同雪、雾凇混合出现。其分布同雾凇一样，也是北部胜于南部，以牯牛岭、小天池一带最为壮观。

（三）雪景

庐山雪景，不仅指单纯的下雪形成的景观，由于庐山地处江南，水汽丰富，常常在一次空气影响过程中，会相继形成雨、雨凇、雨夹雪、降雪和雾凇现象。因而庐山雪景往往是指由雪花、雨夹雪、雨凇、雾凇所构成的混合景观。一场大雪之后地面白雪皑皑，一片洁白，而大树上则挂满了雨凇和雾凇，雪树银花，好一片江南北国风光，美不胜收。

庐山的雪景也较多，最早在 11 月中旬，迟至第二年 4 月还能见到，但超过 10 cm 的大雪并不很多，一年平均为 2～3 场，一般出现在 12 月下旬到次年 1 月底。其分布也是北部胜于南部，以牯牛岭、小天池一带最为壮观。

（四）雾凇

雾凇是一种附着于地面物体（如树枝、电线）迎风面上的白色或乳白色不透明冰层。它也是由过冷水滴直接凝华，或过冷雾滴直接冻结在物体上的乳白色冰晶。

庐山的雾凇很多，最早在每年 11 月中旬，迟至第二年 4 月还能见到，但雾凇单独出现的情况并不多，往往同雪、雨凇混合出现。观赏雾凇的地区北部胜于南部，以牯牛岭、小天池一带最为壮观。

（五）蜃景

蜃景，又称海市蜃楼，是一种因为光的折射和全反射而形成的自然现象，是地球上物体反射的光经大气折射而形成的虚像。蜃景常在海上、沙漠中产生，当光线通过不同密度的空气层发生显著折射时，把远处本来看不见的景物显现在空中或地面上，进入人的视线，从而出现奇异的幻景。

庐山五老峰、大天池一带，地形险要，在一定的天气条件下，此地上下层的空气密度分布极不均匀，因而具备出现海市蜃楼的气象条件。五老峰蜃景和天池佛灯是庐山极为罕见的气象景观。

（六）日出日落

日出和日落是山岳日常气象景观之一。由于视野广阔，居高临下，加之秀丽的山姿，缥缈的云雾，使日出日落景观更为壮观动人。是否能观日出日落当然要看天气，主要以晴天无云的天气为宜。但有时天边布有少量中高云，阳光照射，形成朝霞和晚霞。而在有云海的日子里还可能欣赏到日出云海和日落云海。

庐山观日出的最佳地点是含鄱口和五老峰，而大小天池、大月山、气象台则是观落日赏晚霞的好地方。观日出的时间因季节有较大差别，夏季最早五点，冬季最晚要到七点多。庐山气象台在每天下午的旅游天气预报中都会发布第二天是否能观到日出及时间。

（七）瀑布云

瀑布云是山地云雾在随气流翻山越岭过程中突遇悬崖峭壁猛然下跌于深谷而形成的一股自上而下、汹涌澎湃的云流。庐山小天池南坡的王家坡 U 形谷宽阔平缓，面向水汽丰富的鄱阳湖，易生云雾，而北坡谷深壁峭，翻山气流至此猛然下泻，有利于瀑布云的形成。

与云海相比，庐山瀑布云出现的机会要少得多，主要出现在春季、深秋和冬季，常在静止锋或切变线天气条件下，弱冷空气从东北沿山体爬升时在小天池一带形成。从年次数来看不过 1~2 次，其日变化规律也主要出现在早晚。因此，到庐山能见到瀑布云的人并不多，重要的是机遇。

观赏瀑布云的最佳地点是街心公园、气象台、观云亭以及虎背岭等山岭上。另外，在五老峰、莲花谷、犁头尖一带偶尔也能见到瀑布云，但其壮观程度远不及小天池。

（八）佛光

“佛光”是一种“日晕”。当阳光照在云雾表面，经过衍射和漫反射作用形成佛光的自然奇观。阳光将人影投射到云彩上，云彩中细小冰晶与水滴形成独特的圆圈形彩虹。“佛光”是阴沉天气时，强烈阳光照射云雾表面后形成的一种衍射现象。“佛光”奇观的出现要有阳光、地形和云海等众多自然因素的结合，因此比较罕见。庐山以五老峰、含鄱口、锦绣谷等地为“佛光”最佳观赏点。

第二节　气象气候野外实习内容

庐山地区气象气候野外实习内容是根据实习目的，以庐山地区为媒介将气象气候理论知识转化为实践认识，认识气象气候条件分布体现出的空间分异和时间变化特征。在实习过程中，通过野外气象监测与记录，然后进行室内数据整理与分析，通过多要素记录、多海拔观测、多站点对比、多尺度分析，深化学生对气象气候条件的时空变化认知，构建气象气候野外实习的立体感知。

一、实习目的与要求

（一）实习目的

庐山地区具有独特的气象和气候特征，气象气候野外实习是庐山地区自然地理野外实习的重要组成部分之一。通过使用气象监测仪器、观察庐山气象景观以及分析站点气象资料，实现课堂理论学习和野外实践相结合，建立气象要素空间垂直分异、时间连续变化的认识，提升学生分析和思考自然地理问题的能力。

（二）实习要求

（1）掌握基本气象要素的测量方法和气温气压垂直递减率的计算方法。
（2）学会整理站点气象时间序列数据并会分析气象要素的变化特征。
（3）识别庐山地区不同观测点的气象气候特征，并理解这些特征形成的原因。

二、实习方法与工具

（一）实习方法

1. 野外气象数据监测与气候状况调查

庐山地区气象景观多样，在野外典型气象景观观测点，运用气象监测仪器记录大气温度、气压、相对湿度、风向风速、降水量、云量等数据。气象景观、小气候采用定性的方式描述气温、湿度、风速和云雾的区域和位置，并分析其形成原因。山地气象要素垂直分布规律采用定量记录，计算气温、湿度、气压等随高度的变化趋势，并分析其原理。

2. 气候资料整理与分析

基于野外观测资料和历史文献资料，室内对庐山气象站多年的观测资料进行整理和归纳，分析各项气候资料（辐射、气温、气压、湿度等）与山下气象站点（九江市、庐山市）的差异，总结庐山地区气候的基本特征。

（二）实习工具

气象气候野外实习工具主要包括：便携式手持气象仪、袖珍式气象测定仪、望远镜、GPS、气压高度仪、地形图、记录本、记录笔以及各种手机天气小程序等。室内气象数据分析采用 SPSS、Matlab 等软件进行相关统计分析与制图。

三、实习基本内容

（一）庐山地区基本气象要素采集

1. 观测点选定标准

1）单点观测

在进行单点观测时，一般选择无遮挡物的开阔地、远离水域的地方为观测点，其目的是提高观测点对于周边环境的代表性。

2）海拔梯度观测

如果进行海拔梯度观测，则同时要求多个单点观测组成海拔梯度观测带，即相邻观测点的海拔差基本一致，海拔差一般设定为 200～300 m。值得注意的是，一组海拔梯度观测带的不同海拔样点，其坡向和地区应当一致，即全部位于庐山南坡或北坡，或都位于一个地区，如都在东谷地区，以提高不同海拔测量结果的可比性。

2. 数据采集与记录

1）单点观测

野外采用便携式手持气象仪、袖珍式气象测定仪，或通过“天气通”“墨迹天气”等手机小程序，记录气温、气压、相对湿度、云量、风向风速等数据，同时记录所在地区的海拔、地形地貌特征等影响气象数据的自然地理特征，并填入庐山地区气象要素单点观测记录表（表 3-10）。

表 3-10　庐山地区气象要素单点观测记录表

基本信息			
编号		地点	
经纬度		海拔/m	
日期和时间		记录人	
气象要素记录			
日照百分率/%		气温/℃	
气压/hPa		相对湿度/%	
风速/（m/s）		风向	
能见度/km		云量	
降水量/mm		降水历时/h（或 min）	

续表

自然地理环境记录	
地形地貌特征	
植被土壤特征	
其他	

2）海拔梯度观测

实习期间整点（一般 8:00～16:00）通过便携式气象仪监测气温、湿度、气压、能见度、风速风向等气象要素数据，同时记录海拔；通过网站或小程序记录山下气象站点气温、湿度、气压、能见度、风速风向等气象要素数据，并查询其海拔，最后填写庐山地区气象要素连续观测记录表（表 3-11）。

表 3-11　庐山地区气象要素连续观测记录表

日期	时间	测地					基带				记录人
		地点	海拔	气温	湿度	气压	海拔	气温	湿度	气压	

注：基带为九江市或庐山市，通过中国天气网整点更新值填入作为对照。

（二）庐山地区气象要素特征和山地气候垂直地带性分析

1. 观测数据分析

根据庐山气象观测记录的数据，按照海拔分别整理各气象要素数值，作出气象要素随海拔变化的曲线图或散点图，通过曲线拟合变化，确定气象要素随海拔变化的规律（变化大小、方向等）。并计算气温垂直递减率 γ，即每上升 100 m 降低的气温（℃）；计算气压高度差 h，即气压每下降 1 hPa 对应的高度差。计算方法参考式（3-1）和式（3-2）。并且，通过以上计算的气温的垂直递减率和气压高度差，估算其他已知高程地点气温和气压。

$$\gamma = -\frac{\Delta T}{\Delta Z} = -\frac{T_{山上} - T_{山下}}{H_{山上} - H_{山下}} \tag{3-1}$$

$$h = -\frac{\Delta Z}{\Delta P} = -\frac{H_{山上} - H_{山下}}{P_{山上} - P_{山下}} \tag{3-2}$$

式中，ΔT、ΔZ、ΔP 分别为山上和山下气温、海拔和气压数值的差。气温垂直递减率单位为℃/100m，气压高度差单位为 m/hPa。山下数值可用西北坡麓的九江市或东南坡麓的庐山市气象站数据。

2. 站点数据分析

根据山上气象站点（牯岭镇）和山下气象站点（九江市、庐山市）多年（近 30 年，保持各站点数据起讫时间一致即可）气象数据，首先将这些数据整编成特定时间尺度（年尺度、月尺度、季节尺度）数据，然后选定气象要素，包括太阳辐射、气温三要素（平均气温、最低气温、最高气温）、气压、降水量、相对湿度等，分析这些要素随时间的变化特征（年际变化、年内变化），对比山上和山下气候条件的差异。采用线性倾向分析，或采用曲线图或散点图并拟合出趋势线，判定气象要素随时间的变化方向和变化大小；对于样本容量不少于 40 的数据，可采用小波分析或功率谱分析确定变化周期；采用突变分析方法识别突变时间点，可采用累积距平法、滑动 t 检验、Pettitt 检验、Mann-Kendall 检验等方法。

四、代表性观测点

1. 鄱阳湖沙岭沙山

（1）观测类型：庐山基带气候和沙岭沙山小气候观测。

（2）气候特征：沙岭沙山位于庐山山脚的鄱阳湖湖滨，此处主要观测两种气候。一是观测基带气候，即庐山地区的基带气候——中亚热带气候，中亚热带地区年降水量 1000～1500 mm、年均气温 16～20℃；二是观测沙岭沙山小气候，沙山地貌主要呈 NE-SW 向延伸，风速较大，风向与本地的盛行风向大体一致。

2. 石门涧铁索桥

（1）观测类型：山地北亚热带气候观测。

（2）气候特征：石门涧铁索桥位于石门涧峡谷上方，海拔约 600 m。此处 10℃以上年积温为 4500～5400℃，属于山地北亚热带气候。与其积温相同的地带性气候是北亚热带气候，一般位于我国 28°N～33° N，处于南北冷暖气团交汇的地区，气候上南北过渡的特征明显，包括汉水流域、长江中下游平原和江淮平原大部分地区。

3. 牯岭镇

（1）观测类型：山地暖温带气候观测。

（2）气候特征：牯岭镇海拔约 1050 m，远高于庐山周边地区。随着海拔升高，气温降低，气候由山地北亚热带气候过渡到此处的山地暖温带气候。与其积温相同的地带性气候是暖温带气候，主要分布在黄河中下游大部分地区，是我国冬小麦、玉米、谷子及温带水果（苹果、梨、葡萄等）的主产区。

4. 大月山和五老峰

（1）观测类型：山地中温带气候观测。

（2）气候特征：大月山、五老峰海拔均超过 1400 m，是庐山北部海拔最高的地区。随着海拔的升高，气温降低，气候由山地暖温带气候过渡到此处的山地中温带气候。与其积温相同的地带性气候是中温带气候，主要分布在中国东北地区大部、内蒙古高原。中温带属于温带划分中的一个分支，气候特点为夏季温暖、冬季寒冷，冬季长达 5 个月左右。

5. 黄龙寺

（1）观测类型：谷地小气候观测。

（2）气候特征：黄龙寺位于庐山东谷向斜底部，海拔约 900 m。该海拔应属山地暖温带气候，但是出现了具有中亚热带气候特征的小气候区，其热量、水汽量较同海拔丰厚，各季节气温较庐山南坡同高度的其他地区明显偏高，致黄龙寺一带出现中亚热带气候特征的自然生态环境。

6. 锦绣谷

（1）观测类型：上坡雾观测。

（2）气象特征：空气湿度较大、气流抬升的时候，此处可观测到云雾。锦绣谷是一个面向西北的峡谷，谷底有一溪流，称为锦涧。此处是观测庐山云雾最佳位置之一。水平气流在风和地形的作用下沿庐山西北坡爬升，绝热冷却。如果空气湿度较大，则容易形成上坡雾；或者接近饱和的空气遇到气温骤降，锦绣谷中则出现云起雾涌。

7. 含鄱口

（1）观测类型：云海观测。

（2）气象特征：春夏季节，水汽丰富，在含鄱口易观测到云海。庐山孤立于平原之上，对于地面锋路径具有明显的阻滞作用。含鄱口一带开口朝南，水汽沿着迎风坡汇聚、抬升、凝结，最终深入到含鄱口前形成浓雾和云海。当云层较薄、云底高度只有数百米时，含鄱口则在云层之上，形成云海景观。

第三节　气象气候野外实习总结

经过庐山地区气象气候野外实习的训练，学生对抽象的气象要素含义和气候分布特征有了具象化了解，获得了野外第一手数据，并且掌握了时间序列数据分析和空间对比分析的基本方法。通过分析和总结这些数据，学生对气象要素和气候特征的实际内涵和相对大小有了切身体会，并深刻理解了气象学与气候学研究的理论与实践意义。

一、实习汇报建议选题

（1）庐山山地气候的主要特征与影响因素。

（2）庐山山地气象要素的垂直变化规律及其原因分析。

（3）气候变暖背景下庐山气象要素长时间序列变化规律。

（4）庐山主要气象景观时空分布特征。

二、实习分报告建议提纲

气象气候野外实习结束后，建议撰写气象气候实习分报告。该分报告是对气象气候野外实习内容图文并茂的全面总结。报告的内容一般应包括如下几方面：

前言

主要包括气象气候实习的时间、地点、参与人员，实习的目的和主要内容等。

第一章　庐山气象气候概况

主要包括庐山地区气象气候主要特征及其形成原因等。

第二章　实测与分析方法

主要包括气象气候实习采用的方法、实习过程等。

第三章　气象气候结果分析

主要包括对气候一般特征、垂直地带性、主要小气候形成、气候变化、旅游气象景观等方面进行描述和分析，也可以根据实习情况对各方面内容有所侧重地阐述。

第四章　讨论

主要包括对相关的资料研究进行对比和佐证，阐述自己的认识。

第五章　结论

主要包括气象气候实习的主要结论，本部分也可以与第四章讨论合并。

参考文献

主要包括实习报告撰写过程中所引用的书籍、论文、报刊、网页等资料。

思考题

1. 基于观测数据，计算庐山西北坡、东南坡的气温垂直递减率。

2. 根据站点气象数据，判断庐山各季节气温垂直递减率是否一致。如果不一致，可能的原因是什么？

3. 基于观测数据，计算庐山的气压高度差。

4. 选定观测日期，估算出同期庐山主峰汉阳峰的气温和气压。

5. 基于观测数据，绘制庐山地区主要气象要素（气温、气压）随海拔变化曲线。

6. 根据站点气象数据，分析庐山地区过去 30 年的平均气温、降水量、相对湿度的变化趋势。

7. 根据站点气象数据，分析建站以来（不少于 40 年）庐山平均气温、降水量、相对湿度等要素是否发生了突变。如果有突变，发生在哪一年？

8. 对于日尺度气温，过去 30 年庐山地区的平均气温、最高气温、最低气温变化趋势是否一致？

9. 根据山上（牯岭镇）和山下（九江市或庐山市）气象站数据，判断庐山山上和山下的气候变化（气温、降水）是否存在差异。

10. 庐山黄龙寺局地气候与周边不同，与哪些因素有关？

11. 为何庐山的云雾出现频率比周边地区多？

12. 庐山的山地垂直气候明显，包含哪些气候类型？这些气候类型是如何区分的？

13. 影响庐山气候垂直分异的主要因素有哪些？它们是怎么影响的？

14. 根据 1981～2010 年统计数据，分析与井冈山、黄山等同纬度山地相比，庐山在气候特征方面有何异同。

15. 根据站点时间序列数据，对比分析庐山、井冈山、黄山等山地的气候变化特征。

第四章 庐山地区水文水资源野外实习

庐山地区属于亚热带季风气候区，水资源较为丰富，水系分布广泛，由河（溪）流、泉水、潭和湖库等构成了纵横交错的水系网，适合进行水文水资源的野外观测实习。本章主要从水文水资源概况、水文水资源野外实习内容、水文水资源野外实习总结三个部分进行阐述。

第一节 水文水资源概况

庐山地区位于长江以南、鄱阳湖以西，山上多年平均降水量约 2000 mm、多年平均水面蒸发量约 1000 mm。庐山地区共有大小河流 40 余条，水资源较为丰富。庐山地区的河流水系总体上可划分为两个区域，东南区域诸水系直接入鄱阳湖，西北区域诸水系或流入长江边缘的小湖泊，或汇入鄱阳湖。此外，庐山的泉水和地下水资源也比较丰富。

一、水系分布特征

（一）河（溪）流

庐山地区河（溪）流水系分布深受区域构造、地貌和气候的影响。其中，循着构造线和软弱岩层发育的河流，一般发育较早，其流向主要为 NE 或 SW 向；而循着横切构造线发育的河流，一般发育较晚，其流向主要为 NW 或 SE 向。庐山地区河流水系形状有格子状、树枝状、羽毛状等类型，如青莲谷、石门涧以及西谷的水系多呈格子状，而庐山垄的水系则多为羽毛状。

庐山地区水系基本以庐山中部的仰天坪为中心，向四周辐散，沿着峡谷向山体外汇聚，分别流入长江和鄱阳湖。仰天坪一带是一个山间盆地，由砂、页岩构成，岩性比较脆弱，容易破碎，因此沟谷比较发育。庐山山上还存在多处河流袭夺现象，如锦绣谷、汉口峡等地，主要是因为庐山山体大规模抬升之前，山体内较早出现的河流循着软弱岩层发育和沿岩层走向（作 NE 或 SW 向）流动，已经处于成熟的宽谷河流阶段。当山体抬升后，较晚出现的 NW 或 SE 流向河流由于流程短、纵比降大、溯源侵蚀能力强，下切或溯源侵蚀速度均大于老河流，极可能袭夺了 NE 或 SW 流向的古老河流。

庐山地区河（溪）流的补给来源主要为降水，其次部分区域也存在一定的地下水补给。因受到季风气候的影响，庐山地区的河（溪）流存在明显的季节变化，雨季降水量的增多会导致河水水位明显升高，反之旱季因降水量的减少，河水水位下降，甚至会出现河流断流的现象。

（二）瀑布

庐山地区受到新构造运动的强烈抬升，河流急剧下切，发生溯源侵蚀，随着侵蚀作用的不断加强，侵蚀面不断后退而使原来宽展的河谷产生了许多由缓变陡的裂点或者岩槛，转折点坡段增加，水流到此处形成瀑布。庐山较大的溪涧裂点大多在900 m左右的半山腰上，因此，庐山上的瀑布往往是高悬在上，夹以绝壁，构成了飞瀑银河倒泻、直落霄汉的胜景奇观，素有“匡庐瀑布天下奇”之称。此外，庐山瀑布属于水流型瀑布，其特点是常年性水流瀑布，终年有水，一年四季均可游览欣赏。庐山瀑布群的主要瀑布有：三叠泉瀑布、石门涧瀑布、黄龙潭瀑布、乌龙潭瀑布、王家坡双瀑和玉帘泉瀑布等。其中，最为著名的三叠泉瀑布是由于山地抬升、河流下切而形成的深切峡谷，而庐山近期的断裂抬升是间歇性的抬升，裂点显著，加上河流是沿构造发育，受岩层水平层理和垂直节理的影响，河床形成了三级，三级总落差超过300 m，河水飞流直下如雄狮怒吼跃入峡谷，十分壮观。瀑布的水源主要来自大气降水，在暴雨集中的季节，瀑布涌若沸汤，气势磅礴壮观。在少雨的干旱季节，水薄清秀，飘纱曼舞。

（三）泉

泉是地下水的天然露头，是含水层或含水通道出露地表发生地下水涌出的现象。泉水的成因可简单概况为大气降水渗漏地下顺着岩层的断层面、节理面和裂隙的倾斜方向流入，遇侵入岩体阻挡，承压水出露地表，形成泉水。泉水的形成是水文与地质地貌共同作用的结果。从水文的角度来看，庐山属于亚热带季风性气候，年降水量丰富；此外，庐山北临长江，东涉鄱阳湖，周围的江河与湖泊为庐山降水提供了充足的水汽。总体而言，庐山雨水比较充沛，降雨下渗，地下水的补给量较多，为泉水的形成提供了充足的水源。从地质地貌条件上来看，庐山是一个典型的断块山，部分地区岩性软弱，岩层的断层面、节理面和裂隙较为发育，为地下水的排泄创造了良好的条件，有利于泉水的形成。庐山的泉水和地下水资源比较丰富，如谷帘泉、招隐泉、小天池，涌泉洞、聪明泉等。泉水不仅能提供水资源，还能提供许多观赏景观和旅游资源。

（四）潭

与瀑布和泉水相联系的是潭。泉水流至裂点形成瀑布，瀑布急流而下与山石相击形成潭。庐山著名的潭有乌龙潭、黄龙潭、碧龙潭、神龙潭、卧龙潭、独龙潭、白龙潭等。庐山地区泉水、瀑布、潭水与庐山其他自然景观相互交织。

（五）水库

水库是人们按照一定的目的，在河道上建坝或堤堰创造蓄水条件而形成的人工湖泊。为解决庐山上居民的生活用水问题，利用庐山的天然地形条件相继修建了数个水库。例如，大月山水库、芦林湖水库、莲花台水库、将军河水库、如琴湖等水库。庐山地区的水库按库容划分，均属于小（Ⅰ）型水库。

（六）鄱阳湖

鄱阳湖是中国第一大淡水湖泊。鄱阳湖流域面积为 1.62×10^5 km^2，主要接纳江西省修水、赣江、抚河、信江、饶水五大河流的来水，经湖口转泄入长江。鄱阳湖年平均水位为 15.02 m，星子站在 1998 年 8 月 2 日观测到的最高水位为 22.52 m，湖口站在 1998 年 7 月 30 日观测到的最高水位为 22.59 m；星子站观测到的最低水位为 2004 年 1 月 8 日的 8.78 m，湖口站历史最低水位为 1963 年的 5.90 m。鄱阳湖水位的年内变幅多在 5m 以上，绝对水位变幅高达 13 m。由于水位变幅较大，湖泊的面积同样变化较大。鄱阳湖属于过水性、吞吐性、季节性的湖泊，丰、枯水期湖泊的水域面积、水容积变化极大。丰水期，鄱阳湖水位高涨、湖面宽阔，一望无际；枯水期，水位大幅下降，洲滩出露，湖水归槽，蜿蜒一线。“高水成湖，低水似河，洪水一片，枯水一线”是鄱阳湖的自然地理特征。

二、水环境状况

根据 2021 年《庐山市集中式生活饮用水水源水质状况报告》（表 4-1），庐山市水环境状况总体较好，各项指标均在饮用水标准之内。因庐山中心区目前尚无完善的排水系统，雨水和废污水大多自然排放。随着人口与旅游业的发展，废污水的排放对庐山水源造成了一定程度的污染。据九江市水资源公报和相关研究显示，

表 4-1　庐山地区各主要水体部分水质指标分布情况表

水质指标	大月山水库	芦林湖水库	如琴湖	黄龙潭	乌龙潭
pH	5.6	8.8	7.2	7.4	7.3
溶解氧/（mg/L）	7.3	8.2	7.9	7.5	6.1
矿化度/（mg/L）	18	23	86	27	61
亚硝酸盐氮/（mg/L）	<0.01	0.01	0.07	0.01	0.03
氨氮/（mg/L）	0.24	0.34	1.07	0.06	1.41
总磷/（mg/L）	0.1	0.1	0.3	0.3	0.3

注：数据仅供教学实习参考。

庐山主要水体芦林湖水库、如琴湖和乌龙潭等均受到不同程度的污染，部分水体甚至出现了富营养化现象。庐山水体主要污染物为总磷和氨氮，生活污染源为主要污染源。

第二节　水文水资源野外实习内容

庐山地区水文水资源实习内容主要是利用流速仪、水尺、便携式水质分析仪等工具，使学生了解水文测验、水环境监测及分析的一般内容和方法，了解庐山地区水文水资源及水环境状况，加深对水资源的认识和理解。

一、实习目的与要求

（一）实习目的

水文水资源实习是庐山地区自然地理野外实习的重要组成部分之一。通过水文测量实习，了解水文测验的一般方法和过程；通过对主要水体水质各项指标的监测分析，使学生了解水环境监测及分析的一般内容和方法，了解庐山地区地表水环境状况；通过对水文和水环境的测量实习，实现课堂理论学习和野外实践相结合，提升学生的分析和思考自然地理问题的能力。

（二）实习要求

（1）掌握主要监测断面水位及流速测定的方法以及流量的计算方法。
（2）掌握水环境监测常见的指标及测定分析方法。
（3）学会整理观测站点的水文、水环境数据。
（4）分析庐山地区水文及水环境时空变化特征及其影响因素。

二、实习方法与工具

（一）实习方法

1. 野外水文数据的监测与调查

基于水尺及便携式流速仪等进行水位、流速、断面宽度的观测和记录，并基于断面的流速计算其对应的流量。

2. 野外水环境数据的监测与调查

使用 YSI 便携式多参数水质分析仪测量水体中的 pH、电导率（EC）、氧化还原电位（ORP）、溶解氧（DO）、温度（*T*）等指标，具体使用方法参照说明书。

使用 DR1900 便携式分光光度仪测量氨氮、亚硝酸盐、硝酸盐、磷酸盐等多种水质指标，监测方法及操作步骤详见说明书。

3. 水文及水环境数据的整理与分析

基于野外观测资料和历史文献资料，对庐山地区主要水体的水文及水环境观测资料进行整理和归纳，采用 Excel、SPSS 和 Origin 等软件进行相关统计分析与制图，分析各项监测数据的时空差异，总结庐山地区水文水资源的分布特征。

（二）实习工具

水文水资源野外实习工具主要包括：便携式流速仪、GPS、便携式水质分析仪、水样采集器、水尺、记录本、记录笔等。

三、实习基本内容

（一）基本水文及水环境要素的数据采集

采用水尺、便携式流速仪、便携式水质分析仪等，测量并记录水位、流速、断面宽度、流量、pH、水温、溶解氧、电导率、化学需氧量、氨氮、亚硝酸盐、硝酸盐等数据，同时记录观测点的海拔、周边的地形地貌特征、土地利用类型和人类活动等影响水文水资源数据的因素，并填入庐山地区水文水资源观测记录表（表 4-2）。

表 4-2 庐山地区水文水资源观测记录表

基本信息			
编号		地点	
经纬度		海拔/m	
日期和时间		记录人	
水文要素记录			
水位/m		断面宽度/m	
流速/（m/s）		流量/（m^3/s）	
水环境要素记录			
pH		温度/℃	
溶解氧/（mg/L）		电导率/（μS/cm）	
氧化还原电位/mV		氨氮/（mg/L）	
亚硝酸盐/（mg/L）		硝酸盐/（mg/L）	
总磷/（mg/L）		化学需氧量/（mg/L）	

续表

自然地理环境记录	
地形地貌特征	
植被土壤特征	
土地利用类型	
其他	

1. 水文要素观测

（1）水位（h）：水位是指河流或其他水体的自由水面相对于某一基面的高程，单位为 m。基面，分为绝对（标准）基面和测站（假定）基面。绝对基面是以某一海平面为高程零点，是由国家统一规定的基面，目前我国使用的绝对基面有黄海、珠江等基面。测站基面是指若观测点附近没有国家水准网，其水准点高程暂时无法与某一绝对基面高程相连接，可以暂时假定一个水准基面，作为观测站点的水位或高程起算的基准面。在水文测验中，为便于在河流上就地测量和计算水位，通常采用测站基面。这种基面通常采用测站河床最低点下一定距离作为水位计算零点。水位是反映水体、水流变化的重要标志，是水文测验中最基本的观测要素。

（2）流速（v）：流速是指水流在河道中流动的速度，单位为 m/s。由于河床形态、地势倾斜、糙率及断面水力条件的不同，天然河道中的水流流速分布十分复杂。在某一断面上，流速表现出在不同水深的变化（垂线流速变化）和在横断面水平线上的变化。在垂线上，流速从水面向河底减小。在横断面上，流速从两岸向中部最大水深方向增大。

（3）流量（Q）：流量指单位时间内通过某过水断面的水量，单位为 m^3/s。流量通常采用下式计算：$Q= F\times v$，其中 F 为过水断面面积（m^2），v 为流速（m/s）。

2. 水环境要素观测

（1）pH：pH 是水体酸碱度的指标，为水中氢离子活度的负对数。在 25℃时，当 pH＜7，溶液呈酸性；当 pH＞7，溶液呈碱性；当 pH＝7，溶液呈中性。天然水的 pH 多在 6～9。

（2）水温（T）：水体的温度（℃）。

（3）电导率（EC）：电导率表征水溶液传导电流的能力。电导率常用于间接推测水中离子成分的总浓度。标准单位为 S/m（西门子/米），一般实际使用单位为μS/cm。

（4）氧化还原电位（ORP）：氧化还原电位表征水溶液中所有物质表现出来的

氧化还原性，标准单位为 mV。通常氧化还原电位越高，水体氧化性越强；氧化还原电位越低，水体还原性越强。

（5）溶解氧（DO）：水体中溶解氧的含量，以 mg/L 计。溶解氧的多少是衡量水体自净能力的一个指标。水体中溶解氧的含量取决于空气中氧的分压和水的温度。

（6）化学需氧量（COD）：化学需氧量指在一定条件下用化学氧化剂（如重铬酸钾、高锰酸钾等）氧化水体中的有机污染物所需要的氧气量，以 mg/L 计。化学需氧量是衡量水中有机物质含量多少的指标。化学需氧量越高，说明水体中有机污染物越多。目前应用最普遍的测定 COD 的方法是酸性高锰酸钾（K_2MnO_4）氧化法与重铬酸钾（$K_2Cr_2O_7$）氧化法。

（7）总磷（TP）：天然水中磷可以以元素磷、正磷酸盐（PO_4^{3-}）、偏磷酸盐和有机团结合的磷酸盐等形式存在，正磷酸盐（PO_4^{3-}）为主要存在形式。总磷是水体中以上各种磷的总含量，通常是通过将水样消解后，将各种形态的磷转变为正磷酸盐后测定的结果，以 mg/L 表示。水体中的磷主要来源于化肥及合成洗涤剂。其含量的多少与浮游藻类等水生生物的生长有密切的关系，过量的磷是造成水体发生富营养化和赤潮的主要原因之一。

（8）氨氮：指水体中以游离氨（NH_3）和铵离子（NH_4^+）形式存在的氮，以 mg/L 表示。氨氮也是造成水体富营养化的指标之一，是水体中的主要耗氧污染物，对鱼类及某些水生生物具有毒害作用。

（9）亚硝酸盐：指水体中以亚硝酸根离子（NO_2^-）形式存在的氮，以 mg/L 表示。亚硝酸盐不稳定，在一定的水环境条件下，可被氧化成硝酸盐，也可被还原为氮。亚硝酸盐同样对鱼类、某些水生生物和人体具有毒害作用。

（10）硝酸盐：指水体中以硝酸根离子（NO_3^-）形式存在的氮，以 mg/L 表示。硝酸盐是有氧环境中最稳定的含氮化合物形式，也是含氮有机物经无机化作用分解的最终产物。

（二）庐山地区水文与水环境特征分析

根据在庐山地区观测记录的水文水资源要素数据，按照不同点位分别整理各要素数值，画出水文水资源要素的空间变化图，确定各要素在空间（不同点位）上的变化规律（变化大小、方向等）；结合历年的水资源公报和水环境质量公报的数据，分析这些要素随时间（年内、年际）的变化特征，并分析各要素存在时空差异的原因。基于实测的水环境要素（pH、水温、溶解氧、电导率、氨氮、亚硝酸盐、硝酸盐、总磷和化学需氧量等），利用单因子评价法、污染指数评价法等方法对水质状况进行评价。

四、代表性观测点

1. 大月山水库

（1）观测类型：水位和水质观测。

（2）水文水资源特征：大月山水库位于大月山西北侧，海拔约 1230 m，水库是在汉口峡袭夺大校场上游水流的风口旁通过人工挖建而形成的，它的建立在一定程度上起到了人为减缓此处河流袭夺的作用。大月山水库，是一座以供水及旅游景观等综合效益为主的小型水库，水质较好。目前，水库还处于未完全开发的状态。

2. 如琴湖

（1）观测类型：水位和水质观测。

（2）水文水资源特征：如琴湖位于庐山牯岭镇，建于 1961 年，面积约 1.1×10^5 m^2，蓄水量约 1.0×10^6 m^3。如琴湖因湖面形如小提琴，故名如琴湖。如琴湖，原是西谷的一部分，后利用西谷下部洼地，在天桥上端谷口筑坝蓄水而成湖，主要承接西谷上游水源。早期如琴湖蓄水主要供庐山的居民生活用水，目前因水质污染而弃用，成为景观用水。

3. 芦林湖

（1）观测类型：水位和水质观测。

（2）水文水资源特征：芦林湖水库位于芦林盆地，海拔约 1000 m，介于玉屏和星洲两峰之间。芦林湖水库大坝于 1955 年正式竣工投入运行。坝址以上控制流域面积为 2.01 km^2，最大库容为 1.13×10^6 m^3，是一座以供水为主，兼有防洪、交通及旅游景观等综合效益的小（Ⅰ）型水库。水库大坝的坝顶高程为 993.8 m，最大坝高为 33.8 m，坝顶长 112.0m，宽 12.5 m，坝顶建有芦林大桥。水库大坝为浆砌石重力坝，按 50 年一遇设计、500 年一遇校核；正常蓄水水位为 990.0 m，相应的库容为 9.90×10^5 m^3；设计洪水位为 991.3 m，校核洪水位为 991.6 m；水库总库容为 11.3×10^5 m^3；死水位为 983.0 m，死库容为 4.54×10^5 m^3。溢流坝段位于大坝中段，为五孔溢流坝，是开敞式溢流形式，设计洪水最大泄流量为 28.2 m^3/s，校核洪水最大泄流量为 38.7 m^3/s。坝下设有放空涵管，为直径 40 cm 的混凝土圆管，位于大坝底部沿老河床布置，进口位于湖中间，建有启用闭竖井，井上有亭台，由闸阀控制。

4. 将军河水库

（1）观测类型：水位和水质观测。

（2）水文水资源特征：又称电站大坝水库，海拔约 800 m，处于庐山将军河与长冲河交汇处。将军河水库于 1956 年修建，1958 年 4 月正式蓄水运行。电站大坝是石门涧的上游，黄龙潭、乌龙潭和三宝树的下游，主要承接长冲河、黄龙潭等溪流的水源。水库大坝为混凝土重力坝，坝高 36 m，坝长 120 m，宽 12 m，坝址以上控制的流域面积为 8.57 km^2，最大库容为 6.8×10^5 m^3，是一座集灌溉、发电为一体，并且兼有防洪和旅游等综合效益的小（Ⅰ）型水库。电站大坝设计灌溉耕地 6000 hm^2，发电装机容量 8760 kW，为引水式的电站。庐山水电站是当时亚洲利用水头最高的水电站，也是中国最早的高水头水电站，是中国水电的“活化石”。

5. 莲花台水库

（1）观测类型：水位和水质观测。

（2）水文水资源特征：莲花台水库位于庐山牯岭镇东南 4 km 的峡谷出口处。莲花台水库于 1999 年修建，集水面积为 2.08 km^2，总库容为 9.17×10^5 m^3，是一座以供水为主，兼有防洪和旅游景观等综合效益的小（Ⅰ）型水库，多年平均供水量为 18.8×10^5 m^3。水库大坝的坝顶长度 141 m，坝顶高程 914 m，最大坝高 46 m。水库大坝为细石混凝土砌块石重力坝，水库按照 50 年一遇设计，300 年一遇校核；水库正常水位为 912.0 m，相应库容为 8.69×10^5 m^3；设计洪水位为 912.8 m，校核洪水位为 912.8 m；水库死水位为 887 m，相应库容为 4.85×10^5 m^3。水库溢流洪道为坝顶开敞式溢流，溢流净宽 18 m，设计最大下泄流量为 25.0 m^3/s。坝下涵管为直径 60 cm 的圆形取水钢管，兼有放空水库、供水等功能，放空管采用锥形阀控制，引水为通过坝后式泵房加压提水至芦林湖，为长距离高水头的供水方式。

第三节 水文水资源野外实习总结

经过水文水资源野外实习，学生们可将抽象的水文水资源理论知识以庐山地区为媒介转化为具体的实践认知。在实习过程中，通过对水位、流速、水质等指标的监测与记录，然后进行多要素记录、多点位对比、多尺度分析，可以深化对水文水资源条件的时空变化认知。

一、实习汇报建议选题

（1）庐山典型水体水环境特征及其原因探究。

（2）庐山近年来主要水体水质调查研究。

（3）从产汇流角度分析庐山地区降雨径流特征。

（4）旅游开发对庐山水资源的影响。

二、实习分报告建议提纲

水文水资源野外实习结束后，建议撰写水文水资源实习分报告。该分报告是对水文水资源野外实习内容图文并茂的全面总结。报告的内容一般应包括如下几方面：

前言

主要包括实习的时间、地点、参与人员，实习的目的和主要内容。

第一章　庐山水文水资源概况

三要包括庐山代表性观测点的水文及水环境要素的分布特征。

第二章　实习方法

主要包括水文水资源野外调查所采用的方法，如所使用的仪器及具体的操作步骤、流量计算方法、水质评价方法等。

第三章　结果与分析

主要包括基于实测和累积的水文数据，对庐山水文水资源的时空分布特征进行探讨分析；通过实测的水质指标等数据，对庐山地表水体的水环境状况进行评价，并结合历史实测数据对水环境变化情况进行分析，探讨影响地表水体水环境状况的原因等。

第四章　结论

主要包括水文水资源主要内容和结论的简要总结概况。

参考文献

主要包括实习报告撰写过程中所引用的书籍、论文、报刊、网页等资料。

思考题

1. 庐山地区的水系分布特征。
2. 分析庐山地区降雨径流过程。
3. 断面流量的计算方法。
4. 基于监测数据，分析庐山地区水资源的时空分布特征。
5. 旅游开发对庐山水资源利用的影响。

6. 建设水库的作用。基于水库库容如何划分水库类型？
7. 说明水库各特征水位、特征库容的意义。
8. 基于监测数据，分析庐山地区主要水体的水质状况。
9. 各项水质指标反映了水质的什么特征？
10. 庐山地区主要水体水环境状况的空间分布差异及原因。
11. 人类活动如何影响庐山地区的水资源及水环境。

第五章　庐山地区土壤地理野外实习

庐山地处亚热带气候区，其复杂的地形地貌、鲜明的区域性气候、丰富的植被类型，共同促成了庐山地区土壤类型的多样性与丰富性。同时，该地区土壤具有明显的垂直分布特征，是长江中下游地区比较理想的土壤地理学实习场所。本章主要从土壤地理概况、实习内容、实习总结三个部分进行阐述。

第一节　土壤地理概况

土壤是自然环境的重要组成要素之一，作为一个独立的历史自然体，其重要性体现在它与岩石圈、大气圈、水圈和生物圈之间的密切联系，在不同尺度发挥着不同的功能，能够反映自然环境的特点。土壤是母质、气候、地形、生物、时间以及人类活动综合作用下的产物，其发生、发展、性质、形态特征与当地自然条件和人类活动息息相关。

一、成土因素

庐山地区处于中亚热带北缘，因受东亚季风的影响，具有鲜明的亚热带季风湿润气候特点。山麓低丘及其邻近地带属于温热气候，山上（海拔 800 m 以上）属于山区温和气候。庐山地区山地水热状况存在垂直分异，具有明显的山地气候特点。

庐山地区自然植物群落属于长江流域中下游的常绿阔叶及落叶阔叶混交林，其水平地带是常绿阔叶林。随着海拔增加，由山麓到山顶植被的分布规律是：常绿阔叶林—常绿、落叶阔叶混交林—落叶阔叶林。

庐山地区成土母质的类型多种多样，在山区剥蚀和侵蚀作用强烈，成土母质一般以花岗岩、片麻岩、石英砂岩等残积、残积坡积物为主，其上发育的土壤一般土层浅薄，且多含碎石。在丘陵和山地平缓之处，却广泛分布着一定厚度的残积母质，其上发育的土壤较深厚。在湖滨及河谷地区，成土母质主要是第四纪的沉积物，其上发育的土壤组成物质较细，土层深厚。庐山地区第四纪网纹红土母质分布也较广泛。

第四纪以来的新构造运动对该地区土壤的形成和分布产生深刻的影响。边缘断层活动使庐山抬升为中山山地，为土壤垂直地带的形成奠定了基础，并呈现阴阳坡土壤分布的差异。同时，庐山地区多样的地貌形态对土壤的形成和发育也起着一定的作用，影响了局部地区土壤发育的方向。

由于上述成土因子综合作用，庐山地区形成了丘陵平原红壤—山地黄壤—山地棕壤的土壤垂直带谱，并且从山麓到山顶依次有红壤、黄壤、黄棕壤和棕壤分布，局部地方分布着山地草甸土、山地沼泽土及暗色森林土等土类。

二、成土过程

土壤形成过程的实质是生物累积过程和地球化学过程的对立和统一。成土条件决定了土壤形成过程及其过程强度，该过程呈现在土壤剖面性状上。通常，根据土壤腐殖质厚度、颜色、分解程度等，判定土壤生物累积过程的主要特征及发展方向，如有无泥炭化及其表现程度。根据土壤质地、物质组成、结构及新生体等，判定物质在土体中的转化、淋溶迁移和淀积过程，推断成土过程。例如，土体中有石灰质新生体，则表明有钙化过程；有蓝灰色斑块、铁锰结核和锈纹锈斑，则土壤有潜育或潴育过程；心土黏重、紧实、结构体大、有大量胶膜，则反映出物质有强烈的土壤黏粒淀积过程；亚表层出现白色 SiO_2，粉状或片状层次，则有灰化或白浆化过程；土层有易溶性盐富集，则反映出有盐渍化过程。根据野外简易化学测试，如石灰反应、pH 测定值、亚铁及盐分等也可辅助说明土壤的成土过程。

因此，根据土壤形成中的物质（能量）迁移、转化过程的特点，结合成土条件，庐山地区土壤形成可以归为以下几种主要成土过程。

（一）原始成土过程

原始成土过程，是从岩石露出地表着生微生物和低等植物开始到高等植物定居之前形成土壤的过程，是土壤形成作用的起始点。低等植物及微生物，如地衣、苔藓及真菌、细菌等着生，使矿物分解，从中吸取养分，借少量的水分生长，固定空气中的氮素，在母质中进行有机质的合成和分解，并为高等植物的生长发育创造了条件，形成浅薄土层和少量腐殖质。

（二）腐殖化过程

土壤腐殖化过程是指土壤中植物凋落物、动植物残体及根系分泌物等有机物在微生物作用下进行的腐殖质累积过程。它包括两个过程，一是死亡后动植物和微生物的生物体，以及它们代谢产物的分解过程；二是土壤微生物利用上述分解过程产物合成腐殖质的过程。它是土壤形成中最为普遍的一个成土过程。由于水热条件、植被类型、覆盖度以及有机质性质不同，腐殖质累积的特点也各不相同。腐殖化过程的结果是使土体发生分化，往往在土体上部形成一个暗色的腐殖质层。

（三）泥炭化过程

泥炭化过程是指有机质以植物残体形式的累积过程，主要发生于地下水位很高，或地表有积水的沼泽地段。死亡植物因厌氧环境不能彻底分解，而大部分形成泥炭，有时可保留有机体的组织原状，形成一个泥炭层或粗腐殖质层。

（四）富铝化过程

富铝化过程，即土体中的脱硅富铁铝的过程。在热带、亚热带高温多雨并有一定干湿季节的条件下，由于硅酸盐发生了强烈的水解，释出盐基物质，盐基离子和硅酸大量淋失，而铝、铁（锰）等元素发生沉淀，滞留于原来的土层中，造成铝、铁（锰）氧化物在土体中残留或富集，而使土体呈鲜红色，甚至形成铁盘层。

（五）黏化过程

黏化过程是指土体中黏粒的形成或淋溶、淀积的过程。尤其在温带和暖温带气候条件下，一般在土体内部（20～50 cm）发生较强烈的原生矿物分解和次生黏土矿物的形成，或表层黏粒向下发生淋洗并淀积。因此，一般在土体心部黏粒有明显的聚积，形成一个相对较黏重的层次，称黏化层。

（六）潜育化过程

潜育化过程是指在土体中发生的还原过程。土体经长期淹水，空气缺乏，几乎完全处于闭气状态，氧化还原电位（Eh）一般均低于 100 mV，有的甚至为负值。有机质在分解过程中产生较多的还原性物质，高价铁锰转化为亚铁锰，从而形成蓝灰或者青灰色的还原层，称为潜育层。

（七）潴育化过程

潴育化过程是指土壤形成中的氧化过程和还原过程不断交替的过程，主要发生在直接受到地下水浸润的土层中。由于地下水随季节的变化而上升下降，使该土层干湿交替，从而引起铁、锰化合物发生移动或局部淀积，形成有明显锈纹、锈斑以及含有铁锰结核的土层，称为潴育层。

（八）熟化过程

人类通过耕作、施肥、灌溉、排水等措施，不断改变土壤原有的性状，使土壤的水、肥、气、热条件更适合作物生长。加速土壤熟化过程的措施主要包括土体构型的改造，土壤中存在的作物生长障碍因素的消除，以及土壤水、气、热状况以及养分的补充与调控。

三、土壤类型

庐山地区自山麓至山顶，依次分布着红壤和黄壤、山地黄壤、山地黄棕壤、山地棕壤等土壤类型，具有显著的土壤垂直分布规律（图 5-1）。此外，水稻土为自然土壤经人工耕种而成，在本区山麓、岗丘和江、湖冲积平原均有分布。岗丘上的水稻土多由红壤发育而成。

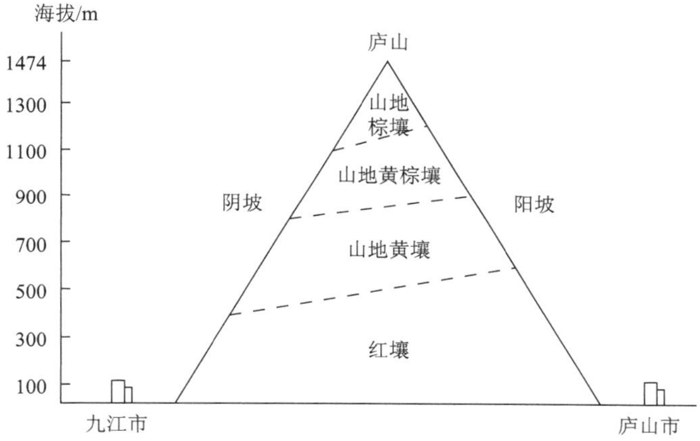

图 5-1　庐山地区土壤垂直带谱示意图

（一）红壤

庐山地区的红壤主要广泛分布于山麓地带，植被为常绿阔叶林、马尾松林以及灌丛草本。成土母质主要为花岗岩、片麻岩、石英砂岩等残积、残积物、坡积物，部分母质为第四纪网纹红土。土壤黏重，其有机质含量较低，表层在 1.5%以下，土壤呈酸性，土壤酸度主要由活性铝引起。

（二）黄壤

黄壤分布于山麓地形较低平的部位，或发育在黏重而排水不良的地方；母质大都为花岗岩、砂岩混合岩坡冲积物及第四纪古红土。由于黄壤受局部低洼地形影响，排水不良，经常处于湿润的水分状态，其自然含水量和吸湿水含量较红壤高。

（三）山地黄壤

山地黄壤分布在 900 m（北坡 800 m）以下的地带，局部地区可达 1000 m 左右。山地黄壤海拔较高，温度降低，湿度增大，有利于有机质的积累，其有机质含量较高，可达 6%～8%。山地黄壤由于空气湿度较大，黏粒下移，上层黏粒较下层少。山地黄壤的代换量较低，盐基饱和度也低，土壤呈酸性，经常处于湿润的水分状态。由于成土环境相对湿度大，土中经常保持潮湿，土壤中的氧化铁高度水化形成一定量的针铁矿/褐铁矿（FeO・OH），并常与有机质结合，导致剖面出现黄色或蜡黄色，其中以剖面中部的淀积层尤为明显。这种土壤中氧化铁高度水化形成水合氧化铁的化合物而使土壤呈黄色的过程，称为黄壤的黄化过程。

（四）山地黄棕壤

山地黄棕壤分布于海拔 800～1200 m 的各种母质上，植被为常绿、落叶阔叶混交林，或灌木、草本。山地黄棕壤粉砂粒含量较高，黏粒含量不及山地黄壤高。山地黄棕壤全剖面呈较强的酸性，酸度以活性铝为主。土壤有机质含量较高，甚至低层土壤有机质含量相当于红壤、黄壤表层含量。全氮含量也比红壤、黄壤高。

（五）山地棕壤

山地棕壤分布于海拔 1200 m 以上的山地，植被为落叶阔叶林，由于森林植被遭受破坏，目前大都成为灌丛草类，母质主要为砂岩、板岩的残积物或坡积物，局部地区以风积物为主。山地棕壤有机质含量较高，黏粒下移现象较明显，土壤呈微酸性，土壤代换量不高。

（六）山地草甸土

山地草甸土分布于山地比较平缓地段，植被一般为茂密的山地草甸群落。该类土壤曾分布在大月山、汉阳峰一带，日照峰也有小面积分布。现在这些地区多为人类建筑所利用，山地草甸土分布面积已逐渐减小或消失。

（七）山地沼泽土

山地沼泽土分布于地势平坦、低洼、容易积水之处。该类土曾分布在仰天坪、大校场等处，目前多为建筑所占或退化消失。

（八）水稻土

水稻土在本区山麓、岗丘和江、湖冲积平原均有分布。水稻土为自然土壤经人工耕种而成。其中，本区岗丘上水稻土主要由红壤人工熟化而成。

第二节　土壤地理野外实习内容

庐山地区土壤地理实习内容主要基于典型土壤剖面分析，使学生掌握剖面挖掘、描述、分析的一般内容和方法，了解庐山地区山地土壤的分布状况，加深对土壤发生过程与垂直分布规律的认识和理解。

一、实习目的与要求

（一）实习目的

土壤地理野外实习既是土壤地理学课程必备的实践教学部分，又是自然地理学野外实习的重要组成部分之一。土壤地理野外实习的目的是使学生具备运用土壤地理学理论知识分析和解决实际问题的能力和素质，掌握土壤地理学实验和野外工作的方法和技能，具备较强认识土壤和分析土壤的能力。

（二）实习要求

（1）熟悉气候、植被、地貌、母质、时间和人为因素对成土过程影响的基本知识和基础理论。

（2）学会土壤剖面选点、挖掘、修整和观察描述等。

（3）从土壤剖面形态特征认识成土因素如何影响土壤发育及其在剖面上表征。

（4）掌握庐山地区主要土壤类型及其发生演变和分布规律。

二、实习方法与工具

（一）实习方法

1. 土壤剖面观测与记录

在土壤剖面挖掘和修整后，通过比色卡比对法、卷搓法、剖面刀插入法、挤压法、目测法、pH 试纸和石灰反应等，观测土壤发生层颜色、质地、紧实度、土体结构、新生体、侵入体、酸碱度和碳酸钙含量等，进行野外描述和记录，并根据土壤剖面观察到的土壤形态和性状特征对剖面进行分层。

2. 土壤样品采集与化学实验分析

通过采集土壤剖面样品，实验分析土壤样品的活性铁含量、黏粒含量、阳离子交换量（CEC）、氧化还原电位（Eh）等化学指标，为进一步分析典型土壤剖面的成土过程和进行土壤分类及命名提供科学的判断依据。

3. 土壤成土过程分析与土类命名

通过分析土壤剖面的理化性质，并结合土壤剖面所处的成土环境，对典型土壤剖面的成土过程进行分析。基于中国土壤分类系统和土壤系统分类检索表，确定土壤剖面的土壤类型，并进行土纲、土类命名。

（二）实习工具

土壤地理野外实习工具主要包括土锹、土镐、土铲、土钻、取土刀、土壤标本盒、土袋、标签、钢卷尺、地形图、土壤图、植被图、剖面记录表、记录本等。

三、实习基本内容

（一）土壤剖面观测与记录

1. 土壤剖面类型

1）人工剖面

人工剖面是根据野外工作要求而挖掘的剖面。据土壤剖面的用途及其特点，又可分为主要剖面、检查剖面和定界剖面三种。主要剖面，又称基本剖面，其目的是全面确切地掌握土壤的发生、发育的全部特性及其生产性能，因此主要剖面都要求自地表向下，贯穿全部土层，直至没有什么变化或者变化很弱的母质和基岩为止。检查剖面，又称对照剖面或次要剖面，是为检查主要剖面所观测的土壤特性的稳定性和变化程度而设置的，一般在 1.0～1.5 m 的深度。定界剖面，是为检查和修正土壤分布界线而设置的，其深度只要求能确定土壤类型就行，一般不足 1 m 或更浅，常用土钻取土观察。

2）自然剖面

自然剖面是兴修水利、道路修建、土地平整、工程建设或开矿等，使土壤垂直面裸露的现代土壤剖面。自然剖面的优点是垂直面往往比较深且裸露面比较广，有利于研究土壤的分布规律。其缺点首先是自然剖面不能均匀地分布在各种土壤类型上，位置也不一定具有代表性；其次是由于自然剖面暴露在空气中，环境因素发生了变化，土壤的理化性质不可避免地会产生变化。因此，野外调查土壤时，仍应以人工剖面为主，而自然剖面只能起辅助作用。

2. 土壤剖面选点与挖掘

土壤调查的突出特点是以点带面。虽然在一个较大的空间范围内进行土壤的踏勘，但最后是以一个选定的剖面点的记录和分析作为某一类土壤的代表。因此，土壤剖面的选点非常重要，选点要有典型性和代表性。

1）土壤剖面选点原则

一般而言，土壤剖面选点应遵循以下三条原则：①具有比较稳定的土壤发育条件，即具备有利于该土壤主要特征发育的环境（通常是要求小地形平坦和稳定），否则土壤剖面易缺乏代表性；②不宜在公路、住宅、沟渠、粪坑等人为干扰很大而没有代表性的地方挖掘剖面；③如果发现母质或人为熟化等预先在地形图上观察不出的因素，而使土壤发生变化时，也应改变剖面地点，或重新设置。

2）土壤剖面挖掘与修整

自然剖面一般要求宽 1.2 m、长 3 m、深 1.2 m（或达到地下水层），并且石质母质要求挖到基岩。耕地土壤一般要求宽 0.5～0.8 m、长 1.2～1.5 m、深 1 m。挖掘土壤剖面时，应注意以下几点：① 观察面应向阳，以便观察；② 底土和表土层应分开堆放，以便填坑时恢复原状，在农业耕作区更应如此；③ 观察面上方不应堆土或任意走动踩踏，以免破坏表层结构，影响剖面形态的描述及取样；④ 剖面挖好后要进行修正，一边修成光面，以便观察颜色、新生体等，一边修成粗糙面，以便观察结构。土壤剖面形状见图 5-2。

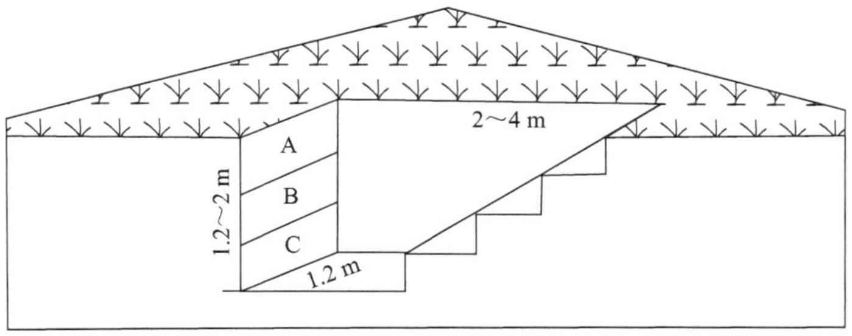

图 5-2　平原与盆地标准土壤剖面形状示意图

由于庐山地区是一个需严格保护的国家级风景名胜区，其实习要求与土壤的调查研究不同，为尽量保护植被并防止水土流失，我们尽量采用有代表性的、有教学意义的自然剖面，尽量减少破坏性挖掘与采样。

3. 土壤剖面发生层划分

土壤发生层是指在土壤形成过程中出现的土壤性状上有差异的层次。土壤发生层是成土因素综合作用的结果，也是土壤发生发展的结果。

在划分发生层时，首先可根据剖面颜色、结构、松紧度、质地、新生体分布等形态特征差异，粗略划分土层界线，然后再以物理作用、化学作用、生物作用、耕作利用所表现的特征（如物质的淋溶、淀积和新生体情况等）确定发生层界限。划分时，应注意各土层的变化和它们之间的相互关系，使划分的各个土层具鲜明的特点。土壤发生层命名与描述一般按照表 5-1 和表 5-2 进行。需要注意的是，在自然界中的土壤剖面，尤其是山地地区的土壤，剖面的构型并不一定是完整的 O—A—E—B—C—R 构型。由于发育条件的制约，很可能会缺失某些土层。

表 5-1　土壤基本发生层及其描述参考

编码	描述
O	有机层（包括枯枝落叶层、草根密集盘结层和泥炭层）
A	腐殖质表层或受耕作影响的表层
E	漂白层
B	物质淀积层或聚积层或风化 B 层
C	母质层
R	母岩层

表 5-2　土壤发生层特性描述参考

符号	描述
a	高分解有机物质，如 Oa 高腐有机物质
b	埋藏层，如 Apb 埋藏耕作层
c	结皮，如 Ac 孔泡结皮层
d	冻融特征，如 Ad 片状层
e	半分解有机物质，如 Oe 半腐有机物质
f	永冻层，如 Cf 永冻层
g	潜育特征，如 Bg 潜育层
h	腐殖质聚积，如 Ah 腐殖质表层，包括暗沃、暗瘠和淡薄表层
i	低分解和未分解有机物质，如 Oi 枯枝落叶层
j	黄钾铁矾，如 Bj 含硫淀积层
k	碳酸盐聚积，如 Bk 钙积层
l	网纹，如 Bl 网纹层
m	强胶结，如 Btm 黏磐、Bkm 钙磐、Bym 石膏磐
n	钠聚积，如 Bn 碱积层
o	根系盘结，如 Oo 草毡表层
p	耕作影响，如 Ap 表示耕作层，水田和旱地均可用 Ap1 和 Ap2 表示。Ap1、Ap2 分别表示水田的犁底层和旱地的受耕作影响层
q	次生硅聚积，如 Bq 硅粉淀积层

续表

符号	描述
r	氧化还原，如 Br 氧化还原层或水耕氧化还原层
s	铁锰聚积，自型土中的铁锰淀积和风化残积
t	黏粒聚积，只用 t 时，一般专指黏粒淀积，次生黏粒就地聚积者以 Btx 表示，　黏磐以 Btm 表示
u	人为堆积、灌淤等影响，如 Aup 灌淤表层或堆垫表层
v	变性特征，如 Bv 带有变性特征的雏形层
w	就地风化形成的显色、有结构层，如 Bw 雏形层
x	固态坚硬的胶结，未形成磐，如 Bx 紧实层，Btx 次生黏化层；与 m 不同在于后者因强胶结，结构体本身不易用手掰开，而 x 则为弱胶结，结构体本身易用手掰开
y	石膏聚积，如 By 石膏层
z	可溶盐聚积，如 Az 盐积表层
φ	磷聚积，如 Bφ 磷积层、Bφm 磷质硬磐

1）自然土壤剖面层划分

自然土壤剖面一般可划分为三层（图 5-3）。

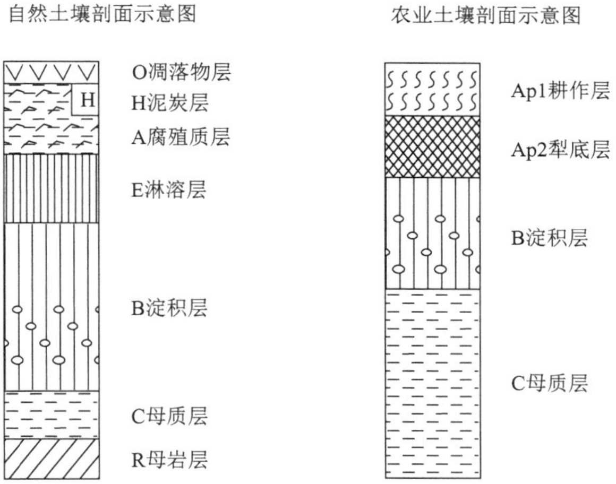

图 5-3　土壤剖面发生层划分示意图

腐殖质层或淋溶层（Ah）：在剖面最上部，生物活动过程强烈，累积较多的腐殖质，一般具良好的结构，呈暗色，故称腐殖质层。此层同时进行着物质的淋溶和转移过程，故又称淋溶层。

淀积层（B）：从腐殖质层淋溶的物质，向下移动到一定的深度，即淀积成层。此层积聚的物质较丰富，有各种有机、无机胶体，铁、铝、锰的化合物等。

母质层（C）：位于淀积层之下，受成土作用影响小，发育程度低，一般为岩石风化层。

2）农业土壤剖面层划分

农业土壤剖面一般可划分为以下四层（图 5-3）。

耕作层（Ap1）：经常耕翻的表土层，疏松，结构较好。

犁底层（Ap2）：在耕作层之下，由于受农业生产活动如农具机械的踏压和来自耕作层物质的淀积的影响，土层较坚实，一般水田土壤较明显。

淀积层（B）：受耕作影响小，物质淀积作用明显。其中，在旱耕条件下，用 Bt 表示黏粒淀积层；在水耕条件下，用 Br 表示水耕氧化还原层。

母质层（C）：未受淋溶淀积作用，发育程度很低，沉积物母质一般保持原来的状态。

4. 土壤剖面观测与记录

在土壤剖面挖掘与修整、土壤发生层划分后，需要对土壤剖面的环境条件和剖面形态进行观测与详细记录。规范而正确地观测、描述与记录土壤剖面特征是土壤野外调查的重要基本功。野外根据表 5-3 进行土壤剖面的观测与记录。

表 5-3　土壤剖面观测记录表

土壤剖面野外编号：　　室内编号：　　日期：

地点：　　母质：　　植物：

土壤野外命名：　　室内命名：　　采样人：

土体构型			干湿度	颜色	质地	结构	紧实度	pH	石灰反应	新生体			其他			剖面形态特性小结
简图	层次	深度/cm								类别	形态	数量				

1）土壤颜色观测与记录

土壤颜色取决于土壤有机物质组成与矿物组成，是成土过程的结果和外在表现。例如，腐殖质含量高，土壤颜色偏暗黑；氧化铁含量高，土壤颜色偏红色。

记录时，应注意主色、次色和杂色的区别，通常次色在前，主色在后，如灰棕色，即表示棕色为主，灰色为次，杂色如锈纹、锈斑，棕色胶膜，红、黄、网纹等。土壤颜色使用芒塞尔体系表征，野外统一获取润态土壤颜色，可使用喷水壶调节土壤湿度，如果野外不具备比色条件，回到室内，利用采集的纸盒土壤标本，需先比干态颜色，再滴水比润态颜色，并及时补充颜色数据。若同一土层两种物质相互混杂，当有两种以上土壤底色时，对不同底色分别加以描述，并描述不同颜色面积占比。土壤颜色信息获取统一使用《中国标准土壤色卡》、日本《新版标准土色贴》或美国 *Munsell Soil Color Book* 最新版，颜色名称须规范化翻译。记录格式：棕色　（10YR 4/3，干），暗棕色　（10YR 3/3，润）。

2）土壤结构观测与记录

土壤结构是土壤颗粒（包括团聚体）的排列与组合形式，是土壤颗粒的胶结状况，是成土过程的产物，因此不同的土壤及其发生层都具有一定的土壤结构。

根据形成土壤结构团聚体的大小及其几何形态，将土壤结构划分为以下类型（表 5-4）。

表 5-4　土壤结构类型分类表

结构类型	大小	直径/mm	实物比较
块状结构（面棱不明显）	大	>100	大于拇指
	小	100～500	大于拇指
团块状结构（面棱不明显）	大	30～50	胡桃
	中	10～30	黄豆—胡桃
	小	5～10	小米—黄豆
核状结构（面棱明显）	大	10～20	小栗子
	中	7～10	蚕豆
	小	5～7	玉米粒
粒状结构（面棱明显）	大	3～5	高粱米—黄豆
	中	1～3	绿豆—小米
	小	0.5～1	小米
柱状结构（圆顶形）	大	>50	横断面大小大于 3 指
	中	30～50	横断面大小为 2～3 指
	小	<30	横断面大小小于 2 指
柱状结构（尖顶形）	大	>50	横断面大小大于 3 指
	中	30～50	横断面大小为 2～3 指
	小	<30	横断面大小小于 2 指
片状结构	厚	3～5	薄板
	中	1～3	硬纸片
	薄	<1	鱼鳞

进行土壤结构描述时，应注意：第一，只有在土壤湿度较小情况下，对土壤结构测定，才比较容易进行和得到良好的结构，当含水太多时，土壤结构单位膨胀，很难分辨结构的真实面貌；第二，土壤结构常常不是单一的，对于这种情况应该进行详尽地描述，既要说明其结构的种类，又要阐明其剖面内的变化。

3）土壤质地观测与记录

土壤由大小不同的土粒所组成，土壤中大小不同的土粒按不同比例组合的状况，称为土壤质地。土壤质地受土壤母质和土壤发育过程影响。

在野外粗略地了解土壤质地，通常根据手指的感觉和土壤在一定湿度下的外形表现鉴别，称为指感法或卷搓法。

砾质土：肉眼可看出土壤中含有许多石块、石砾（山地多为砾质土），根据>3 mm 直径的砾石含量可分为：轻砾质土，>3 mm 砾石含量 5%～15%；中砾质土，>3 mm 砾石含量 15%～30%；重砾质土，>3 mm 砾石含量>30%。

砂质土：干时将小块置于手中，轻轻地便可压碎，所含细砂粒肉眼可见，湿时可搓成小块，但稍加压即散开。

砂壤土：湿时可搓成圆球，但不能成条。

轻壤土：湿时能搓成条，但裂开。

中壤土：湿时能搓成完整的细条，如果搓成环时即裂开。

重壤土：能搓成细土条，并可弯成带裂缝的环。

黏土：干时有尖锐角，不易压碎，湿时可搓成光滑的细土条并能弯成完整的环，压扁时也不产生裂缝，还似有光泽。

4）土壤湿度观测与记录

土壤湿度反映土壤的含水情况。在野外通常分为：干——用嘴吹气，有尘土飞起；稍润——比干土的含水量略高，用手试之，有凉的感觉；润——用手可捏成团块，放在纸上很快使纸变湿；潮——使手湿润，并可能黏在手上；湿——这时水分饱和，可以看出水分从土粒中流出而土体平滑、反光。

5）土壤孔隙观测与记录

孔隙状况是反应垒结状况的另一项指标。土壤的总空隙量称为孔隙度。土壤孔隙大小作如下分级：小孔隙<1 mm，中孔隙 1～2 mm，大孔隙 2～3 mm，海绵状孔隙 3～5 mm，穴状孔隙 5～8 mm，蜂窝状孔隙>8 mm。

6）土壤新生体观测与记录

土壤新生体从成分上包括易溶性盐类、石膏、碳酸钙、二氧化硅、铁锰氧化物、腐殖质等；从形态上分为斑纹、胶膜、粉状结晶、结核、磐层胶结等。斑纹是与土壤基色不同的线状物或斑块状物，一般是由氧化（干态） 还原（湿态）交替形成。胶膜指土壤孔隙壁、土壤结构体或矿质颗粒表面，由于土壤某种成分的凝聚或细土物质就地改变排列所形成的膜状物，颜色可因组成成分不同而有棕、黄、灰等颜色。矿质瘤状结核是土壤发生过程中形成的球状、瘤状、管状物等物质，主要由无机物质的次生晶体、微晶体、无定形结核构成（包括易溶盐、碳酸钙等形成的粉状物质），描述其丰度、种类、大小、形状、硬度、组成物质等项目。磐层胶结是坚硬的层次，组成磐层的物质湿时具有强烈结持性，在水中 1 h 不分散。

应详细记载土层中铁锰结核、黏盘、胶膜、锈斑、网纹等各种新生体的颜色、形状、分布和丰度等。

7）土壤松紧度观测与记录

土壤松紧度指土壤疏松紧实状况，也称坚实度或硬度。松散：铁铲、小刀放在土面上不施加压力就能插入土中，拔起时，很难带起土壤；疏松：用小刀稍用力可以插入土中；紧实：用小刀插入土中感到有点困难；极紧：用小刀插入较困难，甚至不能入土。

8）土壤结持性观测与记录

土壤结持性反映土壤结构体在手中挤压时破碎的难易程度。结持性受土壤含水量影响而变化，野外可喷水调节湿度，观察润态条件下的结持性。松散为土壤物质间无黏着性（两指相互挤压后无土壤物质附着在手上）。极疏松为在大拇指与食指间施加极轻微压力下即可破碎。疏松为土壤物质有一定的抗压性，在拇指与食指间较易压碎。稍坚实一坚实为土壤物质抗压性中等，在拇指和食指间难压碎，但以全手挤压时可以破碎。很坚实为土壤物质的抗压性极强，只有全手使劲挤压时才可破碎。极坚实为在手中无法压碎。

9）土壤侵入体观测与记录

土壤侵入体是指外界侵入土壤中的物体，不是成土过程的产物。土壤侵入体多由人类活动带入土体中，如陶瓷瓦片、水泥、钢筋甚至文物等，反映了人类活动的影响，应详细记录。一般人为土纲土壤剖面发现侵入体概率较大。

10）植物根系观测与记录

植物根系在土层中的分布情况，一般划分为以下几类：多——根系密集，约占土体体积 40%以上；中——根系较多，约占土体体积 20%～40%；少——根少，约占土体体积 20%以下；无——肉眼难见到根系。此外，应说明是木本或草本，根的粗细也应记录，用以判断扎根的难易。

11）动物活动观测与记录

调查土壤中动物活动情况，可以作为判断土壤肥力的间接指标，如蚯蚓、田鼠、蚂蚁、昆虫及幼虫等，还可以结合特定的病虫害防治而配合进行特殊的土壤调查。

12）土壤酸碱度观测与记录

土壤酸碱度是土壤酸度和碱度的总称，通常用以衡量土壤酸碱反应的强弱，以 pH 表示。土壤酸碱性的强弱，常以酸碱度来衡量，这主要通过 pH 来表示。野外在白瓷盘或汤匙内用酸碱指示剂数滴和土样（如黄豆大小）混合，再与标准比色卡相比确定酸碱度。

13）石灰反应观测与记录

石灰反应（盐酸泡沫反应）测定石灰性土壤中的碳酸盐含量，反映剖面碳酸盐分布状况。石灰反应是指用 1∶3 的盐酸滴在土块上有无泡沫的情况，起泡则证明土壤中有石灰存在。根据气泡多寡，判断土壤中石灰的含量（表 5-5）。

表 5-5　土壤碳酸盐含量分级标准

反应等级	反应现象	表示符号
无	没有气泡	/
轻度	缓慢发生小气泡，但听不到声音	+
中度	有明显气泡产生，有微弱声音	++
强	发泡发生激烈，并能听到声音	+++
极强	发泡发生剧烈，并能听到明显声音	++++

5. 土壤样品和标本采集

野外主要采集土壤分析样品和土壤剖面标本。前者又可分为一般分析样品和农化分析样品，后者可分为纸盒标本和整段标本。此外，根据土壤的诊断层次还可采集特殊层次的标本，如土壤结核及新生体的标本等。

1）一般分析样品采集

分析样品可按照土壤剖面形态观察中所划分的土层分层采样，也可按照典型的发生层次采样，即过渡层不采样。具体采样部位应该放在层次的中心位置，自下层向上层依次采样。每层采样约 1000 g，所采土样分层、分袋装好。采样时，应除去大的石子和明显的植物根系等杂物，并将采样按照深度分层记入剖面记录表中。

分析样品装袋后，应填写土样标签（一式三份，一份作存根备查，一份挂在袋外的线绳上，一份折叠装入袋内）。然后将同一剖面各层土样的土袋拴在一起，以免搞乱。所采样品带回室内后，当天就要倒出风干，以免霉烂变质。

2）农化分析样品采集

结合生产任务的野外实习往往也要采集土壤的农化分析样品。农化分析样品一般采集耕作土壤的耕作层（0～20 cm）。采样前，应根据土壤调查绘制图斑布点，一般是 1000 亩①左右采集一份农化分析样品，面积过小者可略去不采，面积超过 1000 亩者，应增加采样数。一般一份农化分析样品，应不少于 10 个样点。

农化分析样品样点布点方式因地块形状而异，一般有方格法、棋盘式、蛇形曲线法等方式。例如，地块呈正方形而面积又不大者，采用方格布点方式；地块大而地力不均匀者，采用棋盘式布点方式；地块呈长方形而又地力不均匀者，采用蛇形曲线布点方式。

① 1 亩≈666.667 m^2。

3）纸盒标本采集

纸盒标本主要是用来进行室内比土、评土。典型的纸盒标本也可留作陈列标本。在路线调查中，纸盒标本只采集主要剖面和对照剖面。

纸盒标本采集方法：土壤剖面观测与记录后，按照土层自下而上分别采取土样，可用小刀在各层土的中心部位切取土块，大小以能放入土盒空格为度。土样取下后切勿用手挤压，应保持土壤原来状态。土样放入纸质标本盒后，应立即在盒盖上注明土壤剖面编号、土名、地点、层次深度、采样人、时间等信息，同时在盒底也注明剖面编号和土名。

4）整段标本采集

为了教育、宣传和展览的需要，某些代表性的土壤剖面可采集整段土壤标本。整段标本又分为木盒整段标本与薄层整段标本。

（1）木盒整段标本。

采集整段标本的木盒，其规格大小不一。我国所用木盒规格为内径长 100 cm、宽 22 cm、高 5 cm，而荷兰国际土壤博物馆木盒规格为 120 cm、宽 25 cm、高 8 cm。

整段标本采集方法：在已挖好的土壤剖面上，挖一个与整段标本木框的内径大小一样的立方土柱，土柱的左、右、前三面突露，后面暂不挖断，使与土体保持联结；雏形挖成后，应该用木框对比大小，然后用削土刀仔细削成与本框内径大小一致的土柱，切削中应注意防止土柱塌落；土柱削好后，将标本木盒的上盖与下底取掉，把木框套入土柱，削去前面突出于木框外的土体，再从土柱两侧向里切削，取下剖面标本；取时用手扶住盒盖，向下仰放，然后用刀削去高出木框的土体部分，并用剖面刀将剖面挑成自然裂面，除去表面浮土，加盖并用螺丝钉固定，整段标本即采好。

（2）薄层整段标本。

在已挖好的土壤剖面上，像采集木盒整段标本那样先挖一个长方体土柱，其大小规格为长×宽×厚=100 cm×22 cm×5 cm。

用削土刀首先在采土器下端切一条缝，然后将采土器套在土柱上，并保持土柱与土体联结；用采土器框套土柱，且采土器上缘与地表平齐，将采土器下缘土柱切开，采土器上下两端用活动性封帽箍封好，并将采土器的中部与土柱通过螺丝杆拧紧固定。将采土器连同土柱从土体上切下来，平托到平整的地面上，并保证采土器在下，土柱在上，削去土柱超出采土器的多余土体，削平土柱，此时，土柱的厚度与采土器的厚度相同；将标本托盒（100 cm×22 cm×2 cm）平放于地面上，在标本托盒内涂上聚乙酸乙烯酯乳液，将采土器内的土柱反扣于标本托盒内，去掉采土器，切削土柱，使土柱高于标本托盒 1cm，刮去土柱超出标本托盒的多余土体，刮平土柱，此时，土柱的厚度与标本托盒的厚度相同；用毛刷蘸上稀释后的聚乙酸乙烯酯乳液，慢慢滴洒于土面，使其自然下渗，使黏结剂自然下渗至饱和，待黏结剂干，薄层整段标本即采制成功。

（二）庐山地区主要类型土壤的剖面性状及其成土过程分析

1. 红壤剖面性状及其成土过程分析

庐山红壤土体较深厚，剖面层次分异明显，具有腐殖质层（Ah）、淀积层（Bs）、母质层（C），植被覆盖良好的情况下地表有凋落物（枯枝落叶）层（O）。

Bs层是脱硅富铝化的主要发生层，呈红色（5R 5/8），一般在30～50 cm，少数可高达1 m以上。多为块状或棱块状结构，部分土壤底层可见深厚红、黄、白相间的网纹。质地黏重，主要为黏壤土至壤黏土，受成土母质的影响大，第四纪红色黏土发育的红壤质地较黏重。强酸性，属于酸性土壤，Bs层pH小于6.0，盐基饱和度小于35%；土壤潜性酸含量很高，以交换性铝为主。黏粒矿物以高岭石-伊利石为主，并含有大量铁、铝氧化物；Bs层土壤有效阳离子交换量（ECEC）在7.0 cmol（+）/kg左右。成土母质为砂页岩、砂砾岩等风化物坡积物、残积物以及第四纪红色黏土。

由于处于中亚热带湿热气候，脱硅富铁铝化过程和强烈的生物富集与矿化分解过程是庐山红壤的主要成土过程，表现在土体中的硅酸盐类矿物受强烈分解的同时，硅和盐基不断淋失，而铁、铝等氧化物则明显聚积，并呈现土壤的赤铁矿化，黏粒与次生矿物不断形成。该区的植被以常绿阔叶林为主，有部分针阔叶混交林、针叶林植被，在植被覆盖较好的常绿阔叶林下，凋落物（干物质）每年可达12.63 t/hm^3。但因植被类型和生境条件的差异，生物富集情况也不相同。土壤有机质虽有一定量的累积，但矿化分解也很快。例如，活性腐殖质约占有机质总量的31.1%，说明在红壤有机质总量中有1/3易于矿化分解。腐殖质组成以富里酸为主，表明土壤有机质腐殖化程度低。

2. 山地黄壤剖面性状及其成土过程分析

庐山山地黄壤土体比红壤浅薄，剖面层次分异明显，具有腐殖质层（Ah）、淀积层（Bs）、母质层（C），具有A-Bs-C构型，地表有枯枝落叶层（O）。

B层富含铁的含水氧化物（如针铁矿、多水氧化铁等），呈黄色至黄棕色，有时多含蛭石、三水铝石，较黏重，块状结构，结构面上有带光泽的胶膜。土壤有机质累积较高，平均含量一般在30～50 g/kg，土壤pH一般不高于6.5，盐基饱和度较低。成土母质有砂页岩等风化物以及部分地方第四纪红色黏土等。

山地黄壤由于位于庐山山麓地形比较低洼部位和海拔400～900 m之间，温暖湿润，通常相对湿度在80%左右。庐山山地黄壤发育经历盐基淋失和中度脱硅富铁铝化。脱硅富铝化是黄壤的主要成土特征之一，但较红壤弱。由于成土环境相对湿度大，土中经常保持潮湿，致使土壤中的氧化铁高度水化形成一定量的针铁矿/褐铁矿（FeO·OH），并常与有机质结合。导致剖面形成黄色或蜡黄色，其中以剖面中部的淀积层尤为明显，即土壤黄化过程。这是黄壤形成的重要特点，在森林植被下土壤黄化特征表现尤为明显。同时土壤也进行生物富集过程。以常绿与落叶阔叶混交林归还量最高，常绿阔叶林和灌草丛居中，针叶林最低，土壤有机质含量也随植被类型不同有较大差异，氮、磷、钾、钙等元素也有明显的富集。此外也可以观察到较明显的黏粒淋溶淀积过程。

3. 山地黄棕壤剖面性状及其成土过程分析

庐山山地黄棕壤土体不深厚，剖面层次分异明显，具有腐殖质层（Ah）、黏粒淀积层（Bt）、母质层（C），即具有 A-Bt-C 构型，地表有枯枝落叶层（O）。

庐山山地黄棕壤具有明显的由淋溶-淀积过程导致的黏化 Bt 层；A 层，表土层可细分为上段的颜色呈暗灰（5Y 4/1）的腐殖质层和下段的颜色呈浅黄棕（10YR 5/6）、质地较 B 层和心土层明显偏轻（多为壤土、砂壤）的淋溶层；由弱富铝化过程导致的 Bt 层，心土层颜色呈黄棕（10YR 5/5）～红棕色（5YR 5/5）。土体反应呈弱酸性，pH 多在 5.5～6.5。较强烈的生物物质循环过程，导致了较厚的枯枝落叶层和较薄的腐殖质表层（多在 4～5 cm）。

山地黄棕壤经历了强烈的淋溶-淀积过程和黏化作用。土壤黏化特征是庐山山地黄棕壤形成的重要特征之一，因为该土壤中原生矿物转变为次生矿物的过程比较快以及黏粒自上而下的移动淀积，在心土部位出现黏粒含量比上下土层增高的现象。也存在弱（脱硅）富铝化过程，弱富铝化特征是庐山山地黄棕壤的本质特征，在 B 层黏粒矿物组成中，高岭石与蒙皂石、伊利石等量，甚至更高，硅铝率为 1.78～3.00；土壤风化淋溶系数在 0.20～0.60。同时，存在较强烈的生物物质循环过程。由于上覆典型植被为落叶阔叶与常绿阔叶混交林，每年有大量的枯枝落叶积累在地表，但有强烈的有机物质好气分解，导致土壤表层的腐殖质层并不深厚，且有机质含量并不很高。

4. 山地棕壤剖面性状及其成土过程分析

庐山山地棕壤剖面分异明显，拥有腐殖质层（Ah）或耕作层（Ap）、黏粒淀积层（Bt）、母质层（C），即具有 A-Bt-C 构型。质地多为壤土至壤黏土，某些棕壤性土质地更轻，多为砂质壤土。地表有枯枝落叶层（O）。

庐山山地棕壤表土层之下为黏化特征明显的心土层（Bt 或 ABt），通常出现在 28 cm 以下，厚度变幅较大，色泽为棕色或红棕色，质地黏重，黏粒（<0.002 mm）含量>25%。Bt 层常为棱块状结构，结构面常被覆铁锰胶膜，有时结构体中可见铁锰结核。心土层之下为母质层（C），通常近于母质本身色泽，基岩风化物常含有一定量的砾石。土壤呈微酸性至中性，pH 在 6.0～7.0，盐基饱和度多在 50%以上。

由于处于暖温带湿润落叶阔叶林条件下，年平均温度 5～15℃，≥10℃的积温 2700～4500℃，年降水量 500～1200 mm，干燥度 0.5～1.4，无霜期 120～220 d。庐山山地棕壤淋溶作用较强，黏土矿物处于硅铝化脱钾阶段，土壤呈微酸性，盐基饱和度较高，具有明显的黏化特征。同时，在森林植被下的生物富集作用相当旺盛，土壤表层形成丰厚的腐殖质层，有机质一般在 30～50 g/kg，但开垦后很快下降到 20 g/kg 左右。

5. 山地草甸土剖面性状及其成土过程分析

庐山山地草甸土剖面一般较薄，在草皮层下，通常仅见薄层土壤，个别地段土层略较厚，分别为腐殖质层（Ah）、锈色斑纹层和母质层（Cw），具有 A-Cw 构型。常有厚 2～3 cm 未分解或半分解的凋落物层（O），腐殖质层（Ah）发育明显，厚度变幅为 20～60 cm，呈暗棕色或暗黑色，团块状结构，疏松。锈色斑纹层一般出现在 50～80 cm。底土母质层分化不明显，棕色调为主，土质砂性，有较多半风化石砾及石块，潮湿，常见锈纹锈斑或铁锰胶膜及微量淀积物。山地草甸土质地轻，颗粒粗，且多含石砾。

由于庐山草甸土形成时间较短，属于次生草甸土。由于所处地势低洼，周围的水分容易汇聚于此，地下水位易升高，使得土体受季节性淹水的影响，底层土体处于还原状态，从而可以观察到剖面下部出现潜育化特征。受水分影响，此处草本植物生长茂密，具有明显的腐殖质积累过程。因此主要成土过程为草甸化过程，包括土壤腐殖质累积与氧化还原交替过程。草甸土区的植被生长繁茂，根系密集且能深扎，每年能提供大量植物残体，加上山地草甸土所处环境由于气候冷凉，有机物分解缓慢，从而积聚于土体中，使土壤有机质和腐殖质明显富集，形成草根层和较厚的腐殖质层。腐殖质层的有机质含量多在 50 g/kg 以上，高者可达 150～300 g/kg，而且积累深度也可深达 50 cm。同时草甸土地区地下水埋藏较浅，土壤受地下水浸润，升降频繁，氧化还原交替形成锈色斑纹（w），潴水氧化还原特征明显。在季节性干湿交替影响下，铁锰氧化还原作用十分活跃，在草皮层下均可见到明显的锈纹锈斑，局部低洼地段还可出现潜育化的土层，显示出土壤形成过程中潴水氧化还原作用的特征。

6. 水稻土剖面性状及其成土过程分析

水稻土中出现的发生层主要有耕作层（Ap1）、犁底层（Ap2）、渗育层（P）、潴育层（W）、潜育层（G）、脱潜层（Gw）、漂白层（E），母质层（C），具有

Ap1-Ap2-P-G-C 构型。犁底层是所有水稻土共有的发生层，与耕作层的容重比大于 1.1。其他发生层因土壤水分条件差异可出现在不同类型的水稻土中，是区别水稻土亚类的依据。水稻土的土层中可见局部铁锰氧化淀积与还原迁移现象并存。表层铁活化度较高，盐基近饱和，pH 趋向中性，Eh 明显低于旱地土壤。水稻土主要成土过程为水耕熟化过程。在淹水耕作条件下，通过灌溉、排水、耕作、培肥与改良，促进土壤有机质的积累、有效养分的提高，形成具碎块状或团粒结构的耕作层（Ap1）和较为紧实的犁底层（Ap2）。

水耕熟化过程促使水稻土形成耕作层和犁底层。同时，水分条件季节性的变化使水稻土具有周期性的氧化还原交替与铁、锰淋淀过程。土壤氧化还原的交替，促使耕作层和犁底层中铁锰重新分配，形成了棕红色的氧化铁锰斑纹；与此同时，淹水期间部分活性低价铁、锰化合物随静水压力向下淋移，在下部土体中被重新氧化、淀积在结构体或孔隙的表面，导致氧化铁、锰在土壤剖面中的分异；分异程度随水稻种植时间的增加而增强。由于施肥和含盐基物质的灌溉水灌溉，土壤溶液中离子及酸碱物质平衡发生明显的变化，随之引起了土壤酸碱度及盐基饱和度的变化，存在盐基淋溶与复盐基过程。

7. 风沙土剖面性状及其成土过程分析

鄱阳湖沙岭风沙土剖面无明显发生层次，一般拥有表土层（A）和母质层（C），具有（A）-C 构型。土壤剖面层次有微弱的分化，地表有褐色结皮层。腐殖质层呈棕色或灰棕色，弱块状结构；母质为风积物，母质层深厚，呈黄色、淡黄色或灰白色，单粒状结构。通体壤质砂土，无石灰反应。沙岭沙山植物大于 30%，生物成土作用较为明显，土壤剖面有一定分化，形成一定厚度的结皮或腐殖质染色层，积累一定的有机质，整体剖面发育较弱；具有一定的肥力，进一步发展，可形成相应的地带性土壤。

（三）庐山地区山地土壤分布规律分析

庐山地区位于中亚热带的北缘，受东亚季风环流的影响，具有鲜明的亚热带季风湿润气候特点，决定了本地区地带性土壤的类型。庐山山地相对高差超过 1400 m，具有水热状况垂直差异显著的山地气候特征，发育形成了湿润型的山地土壤垂直带谱。同时，受地形和人工熟化的影响，该地区土壤类型较为丰富。海拔 400 m 以下的山麓及附近岗丘地处中亚热带，植被为常绿阔叶林、马尾松或草地，广泛分布着纬度地带性的红壤和黄壤。在山麓地形比较低洼部位和 400～900（800）m 之间，气候湿润暖热，植被为常绿阔叶林、马尾松等，发育着山地黄壤。海拔 900（800）～1200（1100）m，气候温暖湿润，植被为常绿-落叶混交林，发育着具有山地黄壤性质，又有山地棕壤特征的山地黄棕壤。海拔 1200 m 以上地区，植被为落叶阔叶林和灌丛，分布着山地棕壤。

庐山基带土壤的上限海拔较低，带幅不足 400 m，山地黄壤分布于海拔 400～900（800）m 之间，带幅最宽，是庐山山地的主要建谱土壤类型。山地黄棕壤的带幅虽只有 200 m 左右，属于淋溶土纲，但具有一定铁铝土纲的性质，对于庐山垂直带谱构建具有重要意义。庐山山南、山北土壤垂直带谱建带土壤类型组成相同，但由于坡向不同，相同类型土壤分布海拔有差异。相同类型土壤在南坡分布上限海拔高于北坡。其界限上限南坡高于北坡约 100 m。相同海拔南坡与北坡湿润程度差异不大，但热量存在明显差异，南坡高于北坡。受山地局部地形影响，不同土壤带谱间界限非完全横线，而是波状界限。例如，位于玉屏峰西北坡的海拔约 900 m 黄龙寺附近分布的山地黄壤。

受成土母质、地形和水文条件及人工熟化影响，庐山地区局部地方发育形成一些非地带性土壤，如山地顶部由于气温低，风速大，木本植被少，多灌丛，草本植物生长茂盛，形成山地草甸土；局部洼地，排水不良，生长喜湿植物，分布着一些山地沼泽土；在山下江河、湖泊低平地带也分布着一些草甸土；在山麓、岗丘和江湖平原区分布有人工熟化的水稻土；在鄱阳湖边沙岭沙山分布有发育程度较弱的风沙土。

四、代表性观测点

1. 白鹿洞书院大门

（1）观察土壤类型：红壤。

（2）土壤剖面层次划分、形态描述和记录：按照实际剖面点观测情况，记录观测点土壤剖面分层情况、各土层厚度、颜色、质地、侵入体、新生体以及利用状况等，并记录在土壤剖面观测记录表（表 5-3）中。

（3）红壤成土条件和主要成土过程分析：基于土壤剖面性状，分析红壤发育的成土因素如何影响富铁铝化过程、生物富集等的主要成土过程，探讨红壤形成的主导成土过程及其与成土条件间联系。

（4）土壤发生层、诊断层和土壤命名：根据分类系统和系统分类有关土壤发生层、诊断层和土壤类型分类依据，检索土壤类型及其命名。

2. 神龙公路、悬索桥和黄龙寺

（1）观察土壤类型：山地黄壤。

（2）土壤剖面层次划分、形态描述和记录：按照实际剖面点观测情况，记录山地黄壤的剖面分层情况、各土层厚度、颜色、质地、侵入体、新生体及利用状况等，并记录在土壤剖面观测记录表中。

（3）山地黄壤成土条件和成土过程分析：分析成土条件对山地黄壤腐殖化过程、富铝化过程、黄化过程等的影响，并在剖面性状寻找证据，探讨其与基带（红壤）成土因素、成土过程和剖面性状差异及原因。

（4）土壤发生层、诊断层和土壤命名：根据分类系统和系统分类有关土壤发生层、诊断层和土壤类型分类依据，检索土壤类型及其命名。

3. 阳明路、回龙路和植物园大门口

（1）观察土壤类型：山地黄棕壤。

（2）土壤剖面层次划分、形态描述和记录：按照实际剖面点观测情况，记录山地黄棕壤的剖面分层情况、各土层厚度、颜色、质地、侵入体、新生体及利用状况等，并记录在土壤剖面观测记录表中。

（3）山地黄棕壤主要成土条件和成土过程分析：分析成土条件对山地黄棕壤腐殖化过程、富铝化过程、黏化过程等的影响，并在剖面性状寻找证据，探讨山地黄棕壤形成的主导成土过程及其与成土条件间联系。

（4）土壤发生层、诊断层和土壤命名：根据分类系统和系统分类有关土壤发生层、诊断层和土壤类型分类依据，检索土壤类型及其命名。

4. 大月山公路、日照峰和小天池

（1）观察土壤类型：山地棕壤。

（2）土壤剖面层次划分、形态描述和记录：按照实际剖面点观测情况，记录山地棕壤的剖面分层情况、各土层厚度、颜色、质地、侵入体、新生体及利用状况等，并记录在土壤剖面观测记录表中。

（3）山地棕壤主要成土条件和成土过程分析：分析成土条件对山地棕壤腐殖化过程、黏化淀积过程等的影响，并在剖面性状寻找证据，探讨山地棕壤形成的主导成土过程，并与基带红壤成土条件、成土过程和剖面性状对比分析。

（4）土壤发生层、诊断层和土壤命名：根据分类系统和系统分类有关土壤发生层、诊断层和土壤类型分类依据，检索土壤类型及其命名。

5. 莲花谷、日照峰

（1）观察土壤类型：山地草甸土。

（2）土壤剖面层次划分、形态描述和记录：按照实际剖面点观测情况，记录山地草甸土的剖面分层情况、各土层厚度、颜色、质地、侵入体、新生体及利用状况等，并记录在土壤剖面观测记录表中。

（3）山地草甸土主要成土条件和成土过程分析：分析山地草甸土形成的腐殖化过程、潴育化过程和潜育化的条件，并在剖面性状寻找这些成土过程的证据，

探讨与观测点周边山地棕壤形成条件和成土过程差异，并判断观察点山地草甸土发育方向。

（4）土壤发生层、诊断层和土壤命名：根据分类系统和系统分类有关土壤发生层、诊断层和土壤类型分类依据，检索土壤类型及其命名。

6. 庐山山下岗丘和湖边湖圩

（1）观察土壤类型：水稻土。

（2）土壤剖面层次划分、形态描述和记录：按照实际剖面点观测情况，记录水稻土的剖面分层情况、各土层厚度、颜色、质地、侵入体、新生体及利用状况等，并记录在土壤剖面观测记录表中。

（3）水稻土主要成土条件和成土过程分析：分析水稻土水耕熟化过程、潜育化过程、渗育化过程、潴育化过程等成土过程在剖面上的反映，探讨人为水耕和地下水位如何影响水稻土发育，与观测点周边土壤性状又存在哪些差异。

（4）土壤发生层、诊断层和土壤命名：根据分类系统和系统分类有关土壤发生层、诊断层和土壤类型分类依据，检索土壤类型及其命名。

7. 鄱阳湖沙岭沙山

（1）观察土壤类型：风沙土。

（2）土壤剖面层次划分、形态描述和记录：按照实际剖面点观测情况，记录风沙土的剖面分层情况、各土层厚度、颜色、质地、侵入体、新生体及利用状况等，并记录在土壤剖面观测记录表中。

（3）风沙土主要成土条件和成土过程分析：分析风沙土形成的腐殖化过程和物理化学风化的条件，并在剖面性状寻找这些成土过程的证据。探讨与观测点周边土壤形成条件和成土过程差异，并判断观察点风沙土发育方向。

（4）土壤发生层、诊断层和土壤命名：根据分类系统和系统分类有关土壤发生层、诊断层和土壤类型分类依据，检索土壤类型及其命名。

第三节　土壤地理野外实习总结

经过庐山地区土壤地理野外实习的训练，学生们掌握了土壤的形成条件以及不同土壤类型的基本特征，并且采集了多份典型土壤样品；通过分析和总结这些资料，将能够真正理解土壤地理学理论知识的丰富内涵，并深刻理解土壤地理学研究的理论与实践意义。

一、实习汇报建议选题

（1）以土壤剖面视角探讨庐山棕壤/黄壤成土条件、成土过程和土壤性状间的联系。

（2）庐山土壤垂直带谱特征及其发育条件分析。

（3）地形对庐山地区土壤形成的影响。

（4）生物因素对庐山地区土壤发育的影响。

二、实习分报告建议提纲

土壤地理野外实习结束后，建议撰写土壤地理实习分报告。该分报告是对土壤地理野外实习内容图文并茂的全面总结。报告的内容一般应包括如下几方面。

前言

主要包括土壤地理野外实习区域、范围、面积，实习目的与方法，完成时间，过去对庐山土壤调查的研究资料及评价等。

第一章　土壤形成的环境条件

主要包括区域地质、地貌、气候、水文、植被、土地利用情况、社会经济概况等。分析探讨环境条件对庐山地区土壤发育过程的影响。

第二章　土壤类型与性质

主要包括土壤类型及其分布规律、土壤分类系统，各种剖面性状和土壤性质综述（对各种土壤分别论述）。

第三章　土壤质量评价

主要包括土壤肥力水平、利用状况等。

第四章　土壤利用改良问题与对策建议

主要包括土壤利用障碍等及其改良措施或建议。

第五章　结论

主要包括土壤地理野外实习的主要结论与实习建议、心得体会等。

参考文献

主要包括实习报告撰写过程中所引用的书籍、论文、报刊、网页等资料。

思考题

1. 从土壤剖面形态特征分析庐山红壤主要成土过程。
2. 黏化过程在庐山垂直带土壤剖面的表现。
3. 土壤富铝化过程在庐山垂直带土壤剖面的表现。
4. 土壤腐殖化过程在庐山垂直带土壤剖面的表现。

5. 从剖面视角解析植被对庐山土壤成土过程的影响。
6. 庐山土壤的垂直分布特征。
7. 黄龙寺山地黄壤发育的成土环境分析。
8. 庐山日照峰山地草甸土发育的成土环境分析。
9. 水耕过程和地下水如何影响水稻土发育。
10. 从土壤剖面形态特征分析庐山山地棕壤主要成土过程。
11. 小地形对庐山山地棕壤剖面构型特征的影响。
12. 庐山南坡与北坡土壤垂直带谱分布的海拔差异及其原因。
13. 庐山地区不同土壤类型的肥力水平差异。
14. 人类活动对庐山土壤的影响。
15. 庐山地区土壤资源利用与保护建议。

第六章　庐山地区植物地理野外实习

庐山地区拥有丰富的植物多样性和相对完整的亚热带植被垂直带谱，且具有丰富的次生和人工植物群落演替范例，是亚热带地区植物地理学野外实习内容较为完备的区域。本章主要从植物地理概况、实习内容、实习总结三个部分进行阐述。

第一节　植物地理概况

庐山地区地理环境复杂多样，植物种类极为丰富。在水平方向上，庐山地区属于中亚热带常绿阔叶林地带；在垂直方向上，庐山地区具有明显的亚热带中山植被垂直带谱。同时，由于人为活动或自然条件的异质性，形成各种次生植被、人工植被和隐域植被；这些植被在特定条件下会向相应垂直带植被演替，形成各种次生演替系列。

一、植物区系

庐山地区在“中国植物区系分区”中属于东亚植物区、中国-日本森林植物亚区、华东植物地区，区系组成具有过渡性。据初步统计，庐山地区共有本土高等植物 2475 种，隶属 270 科。其中，苔藓植物 67 科 159 属 336 种，蕨类植物 39 科 86 属 294 种，裸子植物 6 科 8 属 11 种，被子植物 158 科 728 属 1834 种。若仅统计本地自然分布的种类（含逸为野生和归化种），庐山地区则有种子植物 168 科 769 属 1935 种。此外，庐山本地种子植物区系的分布类型以热带分布和温带分布为主，温带成分略占优势，但优势不是十分明显，故具有热带、亚热带向温带过渡性质（表 6-1）。

表 6-1　庐山地区种子植物属的分布区类型

项目	世界广布	热带分布	温带分布	东亚分布	中国特有分布
属数	72	294	275	107	21
百分比/% （除去世界广布属）	—	38.23	35.76	13.91	2.73

注：在温带分布中，除去了东亚成分。

因此，庐山植物区系具有以下特点，即种类组成丰富，区系优势科和表征科类型多样，区系地理成分复杂，区系起源古老，特有现象丰富，区系组成交汇性明显，东亚-北美间断分布现象突出，外来植物种类丰富。

二、植被类型

庐山植被具有明显的亚热带山地垂直分带特征，包括常绿阔叶林、常绿落叶阔叶混交林、落叶阔叶林等（图 6-1）。此外，庐山还有大量人工植被、次生植被和隐域植被。人工植被除了农作物、观赏植物外，在庐山主要是指人工种植的针叶林，包括黄山松林、日本柳杉林、日本扁柏林、马尾松林、杉木林，以及部分毛竹林，这些植被是在砍伐原先植被的基础上飞播或种植的，因此即便在种植后不再管理的情况下仍能维持短时期的稳定；但是长期看来，如果没有外部干预，它们应当会向着带性植被方向演替。次生植被主要是原始植被破坏后自然形成的、处于植被演替系列某一阶段的植被，包括森林砍伐后的灌丛、草丛，以及常绿阔叶林砍伐后的阳生先锋树种构成的落叶阔叶林或常绿落叶阔叶混交林，以及针叶林向阔叶林演替的针阔叶混交林。隐域植被是由于局地生境要素异质性（这里主要是指水分富集）形成的、偏离地带性分布规律的植被，包括草甸、沼泽植被和水生植被。

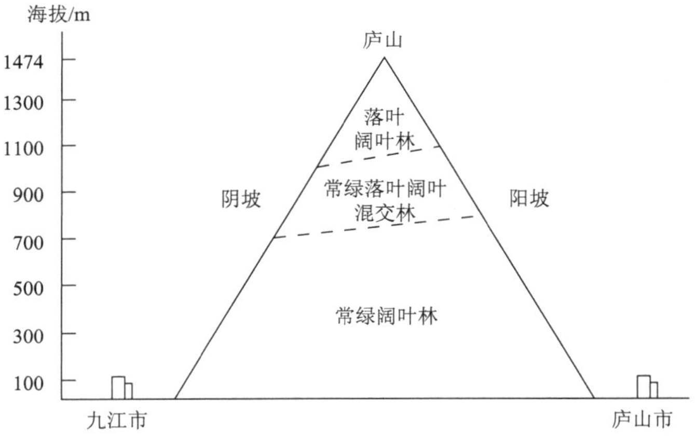

图 6-1　庐山地区植被垂直带谱示意图

（一）常绿阔叶林

常绿阔叶林位于庐山植被垂直带谱的基带，一般分布于海拔 700 m 以下，局部沿沟谷上升可达海拔 1000 m 左右。山下常绿阔叶林遭受人类活动影响强烈，在秀峰寺、白鹿洞等处有残存的小块常绿阔叶林。常绿阔叶林群落外貌终年常绿，一般呈暗绿色而略闪烁反光，林相整齐，由于树冠浑圆，林冠呈微波状起伏。其群落性质、类型、区系组成与中亚热带典型常绿阔叶林基本相似，群落优势种有壳斗科的苦槠、甜槠、青冈栎、小叶青冈（青栲）、石栎等；樟科的樟树、白楠、紫楠、薄叶润楠、红楠等；山茶科的木荷、厚皮香、杨桐等。灌木层以山茶科、冬青科、杜鹃花科为主。

（二）常绿落叶阔叶混交林

常绿落叶阔叶混交林位于垂直带谱中常绿阔叶林与落叶阔叶林之间，分布在海拔 700～1000 m。在这一带下部和沟谷中，常绿阔叶成分往往占优势，向上和山坡则逐渐为落叶阔叶成分占优势。群落优势种中，常绿成分有甜槠、青冈栎、小叶青冈（青栲）、白楠、紫楠等，落叶成分有锥栗、短柄枹栎、糯米椴、灯台树、四照花、石灰花楸、小叶白辛树、青榨槭等。灌木层以樟科、山茶科、杜鹃花科为主。庐山 700 m 以下见到的常绿落叶阔叶混交林，是常绿阔叶林破坏之后出现的次生类型，不属于带性分布。

（三）落叶阔叶林

落叶阔叶林位于垂直带谱的最上端，分布在海拔 1000 m 以上。群落外貌有季相更替，春季嫩绿色，夏季枝叶茂密，树冠郁闭，秋季叶色转黄脱落，冬季无叶。受地形和山上人为活动影响，落叶阔叶林不成大片分布，以黄龙寺、牧马场至铁船峰一带保存较好，而牯牛岭东、西谷的落叶阔叶林基本破坏殆尽，在上中路、中十路、湖北路等有小片残存。群落优势种有短柄枹栎、锥栗、茅栗、小叶白辛树、青榨槭、灯台树、四照花等。灌木层以杜鹃花科、樟科为主。

（四）针叶林

庐山地区针叶林主要有暖性的马尾松林、杉木林，温性的黄山松林、日本柳杉林、日本扁柏林，以及金钱松林。这些多为阔叶林遭受破坏后的人工林、半人工半自然林。

1. 马尾松林

庐山马尾松林，一般分布在海拔 700 m 以下。马尾松喜酸性土壤，耐贫瘠，喜光，可在全光照的裸地上生长成林，林冠一般较为稀疏。多人工林，亦有自然分布。以庐山南麓白鹿洞、栖贤寺一带长势较好。

2. 杉木林

庐山杉木林，一般分布在海拔 900 m 以下，适生于温暖湿润、静风的山坳谷地，土层深厚、排水良好的酸性土壤上。多为人工栽植的纯林，亦有少数与马尾松、毛竹、阔叶树形成混交林。

3. 黄山松林

黄山松林，一般分布在海拔 800 m 以上。庐山的黄山松林，除了极少数恶劣生境处为天然分布，基本上是人为播种的。黄山松适生于温暖湿润、光照好、风大的山顶和山坡上，耐贫瘠，甚至可生长于岩石裂缝中或者坡面风化碎屑物中。黄山松在庐山顶部如牯牛岭、虎背岭、日照峰、大月山、五老峰、含鄱口等地有成片的纯种群分布。

4. 日本柳杉林和日本扁柏林

日本柳杉和日本扁柏在庐山人工造林已近百年，山体上部成林面积达数千亩，主要栽植在海拔 500～1300 m，在庐山最适生长区是海拔 800～1300 m 的 U 形山窝和 V 形谷地中下部。日本柳杉喜温暖湿润气候，耐寒耐荫，适生于深厚肥沃、排水良好的土壤，在黄龙寺至牧马场一带、大月山天狗洞等地有成片分布。日本扁柏喜温暖湿润的气候和排水良好的肥沃土壤，较耐荫，耐低温，抗强风，在黄龙寺至牧马场一带、回龙路、含鄱口等地有成片分布。

5. 金钱松林

金钱松喜光，适生于温暖湿润、土层深厚、排水良好的向阳山坡、沟谷地酸性土壤。脂红路、汉口峡等地有小片分布。

（五）针阔叶混交林

庐山的针阔叶混交林主要包括分布于海拔 900 m 以上的黄山松-落叶阔叶混交林、海拔 600 m 以下的马尾松-常绿阔叶混交林，以及半人工半自然的杉木-阔叶混交林。其中绝大多数处于针叶林向阔叶林演替过程中的一个阶段。

（六）竹林

竹类由于它的生物学特性，一般多组成单优势群落类型（纯林或纯灌丛）。庐山地区竹林以毛竹林分布最广，也有与灌草混生的玉山竹丛。

毛竹林多为人工栽培的纯林，分布在 800 m 以下，外貌整齐，终年常绿，在垂直结构上一般只有两层，乔木层一般由毛竹组成，局部地区的天然竹林常混生有一些阔叶或针叶树种，组成混交林，林内空旷，林下灌木不发达，一般只有草本植物层。

玉山竹丛属于山地矮林类型，为天然的竹丛，主要分布在 900～1300 m，以大月山、含鄱口至五老峰一带最多，在大月山是黄山松林灌木层的重要成分，林相低矮，整齐，生长茂盛、密集。

（七）灌丛

庐山目前存在的灌丛，绝大部分属森林破坏后的次生植被或是植被演替过程中的一个阶段。它们的种类组成也与其前身各种森林存在着密切联系，主要有短柄枹栎、映山红、满山红、蜡瓣花、美丽胡枝子等。草本层主要为芒萁、白茅等。可以灌草丛的形式存在，也可能存有稀疏乔木。

（八）草丛

草丛一般在庐山山下分布较多，山体上部主要见于山南汉阳峰和仰天坪一带。以禾本科草类为主，其中以芒、斑茅、野菰、白茅常见，有多种蕨类，草丛中有稀疏乔灌。

（九）草甸

草甸是受局部地形而引起土壤水分过多形成的隐域植被，群落由干生和湿生植物构成。庐山山顶的草甸植被多以莎草、灯心草、薹草等为主，在五老峰、汉阳峰一带有分布。

（十）沼泽植被

庐山地区沼泽主要为泥炭藓沼泽，分布于五老峰、牯牛岭局部地区，群落由湿生或沼生植物所组成，主要为泥炭藓、灯心草、莎草等混生。

三、植被演替系列

庐山植被类型复杂，历史上经历过不同程度的人为干扰，在长期的人类活动影响下，原生森林植被遭到破坏，消退为各类次生林、次生灌丛、草丛等；又经过封山育林、人工栽植，使得人工的、半人工半自然的植被得到发展。在人为影响减弱、自然恢复的区域，各种次生和人工植物群落缓慢地向着顶极群落方向演替。

（一）常绿阔叶林带内植被演替系列

常绿阔叶林带内原始植被受到以人为活动为主的各种破坏，导致原生的常绿阔叶林不同程度地消退，根据破坏的强度和频度，可演替为常绿-落叶阔叶混交林、落叶阔叶林、针阔混交林等各类次生林、次生灌丛、灌草丛、草丛等，该类植被演替过程属于逆行演替。当常绿阔叶林遭到砍伐破坏后，林下光线充足，温度增高，以及温度、通风、土壤等环境因素的变化，使阳性落叶阔叶树种逐渐增多，与该地段原有的常绿阔叶树混生在一起，组成次生性常绿与落叶阔叶混交林类型。如果破坏的强度、频度增大，则有可能形成以阳性的落叶阔叶树种为建群种或优势种的落叶阔叶林。如果破坏进一步加强，如上述森林植被遭到人为反复周期性砍伐，可以形成高仅 1～2 m 萌生的次生灌丛，乃至次生灌草丛、草丛。

在任意一个逆行演替阶段，如果人为破坏终止，任由该植被自然发展，则其将朝着地带性顶极群落的方向（在庐山地区即为常绿阔叶林）演替，称为顺向演替。次生的常绿落叶阔叶林和次生的落叶阔叶林的林下阳光少，不利于阳生的落叶阔叶树种生长，反倒有利于常绿阔叶树种。因此，它们如果不再遭到破坏，任其自然发展，仍将恢复为常绿阔叶林。次生灌丛的顺向演替，在土壤深厚肥沃、小气候温暖湿润的生境条件优越地段，将逐渐向常绿阔叶林方向演替；在生境条件较差的地段，则可经过马尾松与落叶树组成的针阔叶混交林阶段，再逐步向常绿阔叶林方向演替。次生草丛的顺向演替，一般是通过灌木阶段逐渐向森林植被方向演替。

人工植被如栽培的马尾松林，由于它的幼苗不能在自身林冠下更新，而阔叶树将逐渐侵入，最终替代马尾松，恢复至常绿阔叶林。

（二）落叶阔叶林带内植被演替系列

落叶阔叶林带内，原始的森林植被遭到人为多次砍伐后可形成次生灌丛。若破坏终止，经自然恢复，可逐渐向相对稳定的落叶阔叶林方向演替；或者在人为的影响下发展为半人工的落叶阔叶林；或通过黄山松林或黄山松与落叶阔叶树混生而组成针阔叶混交林，再逐渐向落叶阔叶林方向演替。森林植被或次生灌丛在人为反复砍伐和火烧后，会进一步退化形成次生草丛。如果停止人为破坏，任其自然发展，仍可通过灌木阶段逐渐恢复成落叶阔叶林。人工植被的自然恢复，也基本遵循这一规律，如日照峰上的一处十几年前废弃的茶园，目前已恢复至灌草丛阶段。

（三）常绿落叶阔叶混交林带内植被演替系列

在常绿落叶阔叶混交林带内，逆行演替系列和顺向演替系列均与上述两种阔叶林带内的演替系列类似。

（四）逆行演替系列

在庐山滑雪场附近由于人为砍伐等经济活动，原生黄山松林演替为次生林、次生灌丛和草地，具备典型的逆行演替特点。

（五）其他演替系列

以上演替系列都是在原有植被的基础上开始的，称为次生演替。庐山上还随处可见裸地上从没有植物开始的原生演替的例子。例如，巨石上开始的原生演替系列，可见其不同阶段：巨石-地衣-苔藓阶段、石缝-草丛阶段、碎石-薄土-灌草丛阶段等。此外，庐山还可见到特殊生境下的特殊演替顶极，如在五老峰可见山顶陡崖边，受大风等条件制约，最终形成以落叶灌木和矮化乔木为主要成分的灌丛；再如在铁船峰可见悬崖陡壁处，受地形、水分和养分条件的制约而形成的岩生植被。

第二节　植物地理野外实习内容

庐山地区植物地理野外实习内容较多，路线较长，既是一项艰苦的体力工作，更是一项严谨的科学训练。因此，我们要做好思想、身体、器材、知识、方法、技术等各方面的准备。尤其是要提前了解实习内容，理解实习要求，掌握实习方法。

一、实习目的与要求

（一）实习目的

认识庐山主要植物群落的建群种和常见种、掌握植物地理野外调查和采集鉴别植物的基本方法、了解庐山植物区系特征；认识庐山地区的植被及其主要植物群落类型、观察和分析庐山植被垂直带性分布的规律及其成因、掌握植物群落调查的基本方法；了解庐山植被演替类型及规律。

（二）实习要求

（1）通过植物标本的采集与鉴定准确识别庐山常见植物，掌握标本压制的基本技能，分析植物区系的组成，了解物种的习性、地理分布及其资源利用价值。

（2）识别庐山主要植物群落类型及其建群树种，掌握亚热带中山山地植被带的海拔分布规律，初步具备植物群落调查和数据整理分析的能力，并掌握常规植物群落调查器具的使用方法。

（3）认识庐山山地植物群落的主要演替类型及演替趋势。

二、实习方法与工具

（一）实习方法

植物区系实习部分，需要运用路线调查法和植物种类鉴别、植物标本采集与制作、植物区系分析等技术。植被实习部分，需要运用植物群落样地调查、植物群落无样地调查、路线调查、垂直带断面观察等方法，以及植物种类鉴别、植物标本采集与制作、种群特征数量分析等技术。这些方法和技术，同时也是植物地理实习需要掌握的内容。主要方法如下。

1. 植物标本采集与制作、植物种类鉴别

沿实习线路采集植物标本、记录植物的形态特征（叶、芽、花、果、茎等）、物候期和生长环境、分布海拔等信息，返回驻地后查找植物志对植物种类进行鉴别确定；采用常规方法压制植物标本。

2. 植物群落样地调查

在野外，选择代表性的森林和灌草样地，开展无样地和样地调查，基于中心点-四分法和固定样方的植物群落调查方法，完成各群落调查记录表。在室内，整理群落调查数据，计算或统计群落特征指标，如植物种类组成和地理成分分析表、群落叶的性质分析表、群落重要值或优势度分析表、群落植物盖度-多度系数分析表、无样地（中心点-四分法）调查重要值分析表。

3. 植物群落调查仪器使用

结合植物群落样地调查，使用植物观测仪器（叶面积仪、光照度计、温湿度计等仪器）测量植物或环境参数。

（二）实习工具

植物地理野外实习工具主要包括植物标本夹、草纸、尼龙绳、枝剪、高枝剪、植物采集袋、标签、号牌、针线包、台纸、包装绳、条纹包、采集记录本、记录夹、标杆、皮尺、布尺、测绳、植物群落记录表、植物群落分析表、花铲、柴刀、地质罗盘、GPS、望远镜、地形图、记号笔、铅笔、橡皮等。

三、实习基本内容

（一）庐山地区植物区系调查

植物区系实习主要是通过采集植物标本和鉴定种类，获取一份完整的植物名

录，进而对植物区系进行分析。如果对庐山地区植物区系进行调查，需要对整个庐山地区的植物种类进行完全记录，工作量和鉴定难度之大，超出了地理本科生实习的水平，不具有可行性。但若以学习方法为目的，可通过不尽完全的植物种类记录，如在庐山上的一个区域，通过路线调查，或具有代表性的植物群落调查，进行植物区系分析演练。

1. 植物识别与鉴定

1）植物识别与鉴定方法

科学准确地鉴定植物的科、属、种是植物地理实习的基础，无论是区系实习还是植被实习都需要能够识别所见植物。这里重点介绍种子植物的识别与鉴定方法。首先要能够准确描述植物外部形态特征，然后按照植物分类检索表鉴定植物种类。

（1）植物外部形态识别。

种子植物在长期适应环境的过程中，在根、茎、叶、花、果实、种子的形态上出现了各式各样的形状。根据这些形态学特征，人们可以进行植物分类并给予相应的形态学术语。在野外实习时，植物的外部形态特征对于识别植物种类有重要的意义。附录Ⅰ重点介绍了叶、花序、花冠、果实的外部形态特征术语。

（2）植物鉴定。

以植物分类检索表为工具进行植物鉴定。在使用植物分类检索表时，首先要能用科学规范的形态术语对待鉴定植物的形态特征进行准确的描述，然后根据待鉴定植物的特点，对照检索表中所列的特征，一项一项逐次检索，首先鉴定出该种植物所属的科，再用该科的分属检索表查出其所属的属，最后利用该属的分种检索表检索确定其为哪一种植物。附录Ⅱ介绍了庐山地区垂直带性植被中最重要的三个科（壳斗科、樟科、山茶科）的主要特征和分属检索表。

虽然利用分类检索表鉴定植物种类是最基本和最可靠的方法，但是花费时间较多，更重要的是，在野外实习中，经常会遇到标本不完整的情况，如实习期间恰好不逢其花期、果期，就难以运用分类检索表鉴定其种类。近年来，有一些植物识别手机软件被开发出来，并在校内和野外实习中得以运用，给植物地理学中的植物识别带来极大的便利。主流的植物识别手机软件包括“花伴侣”“形色”等。需要注意的是，由于软件本身识别准确度、所拍摄植物标本代表性等原因，识别结果仅供参考，需要进一步运用分类检索表（中国植物志，https://www.iplant.cn/frps/vol）进行最终鉴定。

2）主要植物种类识别

庐山植物种类丰富，这里主要从蕨类植物、裸子植物和被子植物三类选取介绍庐山常见植物。特别要注意壳斗科、樟科、山茶科的一些种是组成庐山地区垂直带性植被最重要的群落建群种或优势种，详见附录III。

2. 植物标本的采集和制作

1）标本采集

采集植物标本要尽量采集完整的植株，要有根、茎、叶、花、果实和种子，草本植物要连根挖出，将泥土抖掉或用水洗掉；木本植物要采集带枝叶的。采集植物标本时，应选择生长发育正常，无虫咬，无病害或无机械损伤的植株。每种植物最少采集3～5份，以供鉴定、存放和交换。采集后的标本应立即放入采集箱或塑料袋中，每一份标本都要挂上号牌。号牌必须系在标本的中间部位，以防脱落或损坏。

2）标本记录和编号

采集标本时，要用铅笔在野外采集记录本上写清楚野外记录和编序列号（表6-2）和号牌。同时间、同地点采集的同植物编为一个号。即使是同一种植物，在不同地点、不同时间采集的要分别编号。号牌上的号码要与采集记录本上的号码一致。

表6-2　庐山地区植物标本野外采集记录表

<table>
<tr><td colspan="3">号数：</td><td colspan="3">采集日期：</td></tr>
<tr><td colspan="6">产地：</td></tr>
<tr><td colspan="2">地形：</td><td colspan="2">海拔：</td><td colspan="2">坡向：</td></tr>
<tr><td colspan="6">性状：乔木　灌木　草木　藤木　攀援　缠绕　直立　上升　外倾</td></tr>
<tr><td colspan="3">高度：</td><td colspan="3">胸高直径：</td></tr>
<tr><td rowspan="5">形态</td><td colspan="5">茎：</td></tr>
<tr><td colspan="5">树皮：</td></tr>
<tr><td colspan="5">叶：</td></tr>
<tr><td colspan="5">花：</td></tr>
<tr><td colspan="5">果：</td></tr>
<tr><td colspan="3">俗名：</td><td colspan="3">科学名：</td></tr>
<tr><td colspan="6">学名：</td></tr>
<tr><td colspan="6">附记：</td></tr>
<tr><td colspan="6">标本份数：</td></tr>
<tr><td colspan="6">采集人：</td></tr>
</table>

3）标本压制

采来的植物标本要当天压制。压制前应进行初步整理。若根系粗大，可用刀切成两半；若枝叶过密，可适当剪去部分叶片，留下一段叶柄，但注意不要把枝叶前端部分剪去。较大的标本可折叠成“V”“N”“W”形。太大的标本可截成几段，系相同号牌，并注明 a、b、c、…。

压制标本时，首先将一块标本夹作为底板放平，上面铺几张纸，将登记过的带有号牌的植物平展在纸上，注意保持其自然状态，并将其中一部分叶片翻成背面，然后再盖上 2～4 张纸。如遇含水较多的植物，可多放几张纸，边压制边填写采集记录表。按上述方法，依次按号压制植物标本，直至压制到适当厚度，再盖上另一块标本夹，最后用绳捆好，放置在阴凉干燥处。

新压制的植物标本，每天至少要换一次纸，将湿纸换成干纸。过 3～4 天后，可两天换一次，直到标本干燥为止。每天换下来的纸要烘干或在日光下晒干，以便再用。一般标本 5～7 天即可压干。多肉肥厚的标本可以单独压制，或者事先用沸水或酒精处理后再进行压制。革质叶标本可用电熨斗烫干或用机器烘干。

干燥好的标本要进行顺号、上台纸和鉴定，最后编写采集名录。

3. 标本和野外记录整理

野外记录是植物地理调查的第一手资料，应该妥善保管，对于因在野外时间紧张或条件不足导致的遗漏，及时补缺补差，对于不规范的记录，给予纠正和补充。植物群落调查和路线调查采集的植物标本是重要的原始凭证，需进行妥善的处理，检查标本保存的完好性，将标本编序与相关记录准确对应，以备后续分析使用。

4. 植物区系分析

1）植物区系总体分析

植物区系总体分析包括科、属、种的数量统计；植物类群（如裸子植物、被子植物、双子叶植物、单子叶植物）统计；生活型（如常绿/落叶乔木、常绿/落叶灌木、常绿/落叶藤本、一年生草本、多年生草本等）统计等。

2）科、属、种统计分析

植物区系统计分析包括科、属的大小（即包含多少种）特征；优势科（即种类众多且在群落中起建群作用的那些科）和表征科（即某一科在该区系分布的属数或种数与该科在全世界分布的属数或种数比值较高的那些科）分析；科、属、种的区系成分分析（对照吴征镒的分布区类型系统，对该区科、属、种的分布区类型进行统计）等。

（二）庐山地区植被调查

植被实习主要是了解植物群落的基本特征、植物群落与环境之间的相互关系、植物群落演替类型及演替方向、植被类型及其分布规律等。常见的调查方法有样地调查法、无样地调查法、路线调查法等。

1. 植物群落样地调查

1）植物群落样地选定

植物群落样地是植物地理学中最基本的样本。它所获得的资料详细可靠，可以作为其他调查方法精确程度的对照依据。

（1）样地选择。

在大面积的植物群落区，不可能对全部区域都进行调查，一般是采取抽样调查的方法。选择样地应对整个群落有宏观的了解。然后，选择植物生长比较均匀，且有代表性的地段作为样地。样地不要设在两个不同群落的过渡区，其生境应尽量一致。样地应避开路、沟、脊，对于坡地上的样地，要注意选择坡面延展较宽、坡度变化较一致的地点。

（2）样地形状。

样地多采用长方形或正方形，称为样方；也可采用圆形，称为样圆。长方形样地的长边方向以平行等高线为宜，否则会因高差过大，而造成生境上的差异。

（3）样地面积。

样地面积，取决于取样与群落类型，具体根据当地植被的“种类-面积曲线”确定样地面积。在具体操作过程中，通常采用逐步成倍扩大样地面积的方法，在草本群落中，最初用 10 cm×10 cm，在森林群落中，则用 5 m×5 m，然后按照一定顺序扩大样地边长，同时记录样地内出现的新种数，最后根据所得数据绘制种类-面积曲线图。在曲线转折处所示的面积，称为群落的最小面积，即包含了群落大多数种类的最小空间。不同植被类型的调查样地最小面积一般都有经验值可供参考：温带草原为 1 m^2，温带阔叶林为 200 m^2，温带针叶林为 100 m^2，亚热带常绿林为 500 m^2，热带雨林为 2500 m^2，亚热带的次生灌丛和幼年林群落分别为 100 m^2 和 200 m^2。

2）群落样地调查内容和方法

（1）环境条件调查。

植物群落样地调查前首先需要详细记录样地的基本环境条件，具体按照调查表 6-3 上的顺序逐项记载。

表 6-3　庐山地区植物群落环境调查表

样地编号	样地面积	调查时间	调查者
地理位置和经纬度			
群落类型和名称			
群落外貌和总高度、总盖度			
地形（海拔、坡向、坡度、坡位）			

续表

样地编号 样地面积 调查时间	调查者
地质（出露岩石类型、岩石裸露率）	
土壤（类型、质地、厚度、有机质含量、pH）	
土壤水分（土壤含水率）	
枯落物（厚度、分解率）	
群落周围情况	
人类及动物活动影响情况	
其他	

注：群落名称用群丛命名方法。根据各层的优势种进行命名，不同层次用“—”相连，如果某一层中有两个优势种，可用“+”相连。如黄山松—柃木+野鸦椿—蕨群丛。

（2）乔木层调查。

群落乔木层调查通常采用每木调查法。调查前应对乔木层的总体情况进行记载，并弄清其种类组成。对不能识别的种类，其名称可用号码代替，但必须采集标本编上相应号码后带回，以供鉴定。群落乔木层每木调查的项目见表 6-4。

表 6-4 庐山地区植物群落乔木层每木调查表

调查者：_______ 调查日期：_______ 样地编号：_______ 样地面积：_______

乔木层基本小样方面积：________ 调查基本小样方数目：_______

层高度（总的/Ⅰ层/Ⅱ层/Ⅲ层）：__/__/__/__ 层盖度（总的/Ⅰ层/Ⅱ层/Ⅲ层）：__/__/__/__

群落类型：______________ 群落名称：______________

序号	植物名称及编号	小样方号	亚层	高度	枝下高	冠幅（长×宽）	胸径或胸围	盖度	备注

注：盖度，用目测估计法，即估计林冠间天空被遮挡的面积比例，如林冠间露出天空的面积占样地 3/10，则树冠盖度为 70%。胸径，用钢卷尺测量植株从地面到 1.3 m 高处的树径，以 cm 为单位，也可先记录 1.3 m 高处的树围长度，再做换算。树高，可利用标杆的辅助，用目测法估计。枝下高，用目测法估计自地面起到第一个大枝条伸出处的高度。

（3）灌木层调查。

灌木层调查一般不采用每木调查法，而是先确定总盖度，用百分数表示，并记载各主层的高度和盖度。然后记录植物名称，按表 6-5 上的项目逐项进行调查记载。

表 6-5 庐山地区植物群落灌木层（下木层）调查表

调查者：______ 调查日期：______ 样地编号：______ 样地面积：______

灌木层基本小样方面积：______ 调查基本小样方数目：______

层高度（总的/Ⅰ层/Ⅱ层/Ⅲ层）：_/_/_/_ 层盖度（总的/Ⅰ层/Ⅱ层/Ⅲ层）：_/_/_/_

群落类型：__________ 群落名称：__________

序号	植物名称及编号	小样方号	亚层	株数	多度	盖度	高度		胸径		物候期	备注
							最大	优势	最大	优势		

注：多度采用 Drude 多度法表示；物候期是记载植物所处的发育阶段，a 为营养期——植物处在生长阶段；b 为蕾期——植物长出茎和梗，花蕾出现；c 为花期——植物处在花盛开时期；d 为花后期——植物处在花谢时期；e 为嫩果期——植物花谢，但种子尚未成熟；f 为果期——种子、果实已经成熟。

（4）草本层调查。

草本层与灌木层的调查方法基本相同，只是草本层的高度需分别测量生殖枝高度和叶层高度。生殖枝高度是从茎基部到花序顶端；叶层高度是从茎基到最上面的叶层（表 6-6）。

表 6-6 庐山地区植物群落草本层调查表

调查者：______ 调查日期：______ 样地编号：______ 样地面积：______

草本层基本小样方面积：______ 调查基本小样方数目：______

层高度（总的/Ⅰ层/Ⅱ层/Ⅲ层）：_/_/_/_ 层盖度（总的/Ⅰ层/Ⅱ层/Ⅲ层）：_/_/_/_

群落类型：__________ 群落名称：__________

序号	植物名称及编号	小样方号	亚层	多度	盖度	高度		物候期	备注
						叶层	生殖层		

（5）苗木（立木）更新调查。

苗木（立木）更新调查样地内树径不足 2.5 cm 的苗木，包括形成乔木层和将来能够进入乔木层的树种，调查更新情况及影响更新的原因，分析群落的发展和演替。苗木（立木）更新层的调查方法与灌木层相同，均可用表 6-5，只是对于苗木调查，要在备注一栏注明是实生还是萌生。通常情况下，可将两者一并调查，合称下木层调查。

（6）层间植物调查。

层间植物调查的项目见表 6-7。

表 6-7　庐山地区植物群落层间植物调查表

调查者：_______　调查日期：_______　样地编号：_______　样地面积：_______

群落类型：____________　群落名称：____________

序号	植物名称	类型			小样方号	多度	高度	直径	物候期	被附植物		备注
		藤本	附生	寄生						名称	生活型	

（7）种群分布格局和年龄结构调查。

种群分布格局和年龄结构调查主要是针对群落乔木层优势种和建群种。在植物群落种群分布格局示意图中，标注出每木在所处小样方里面的坐标位置。年龄结构在野外不易调查，可用立木级来代替，划分为 5 级：Ⅰ级（高度<33 cm）；Ⅱ级（高度≥33cm 且胸径<2.5 cm）；Ⅲ级（2.5 cm≤胸径<7.5 cm）；Ⅳ级（7.5 cm≤胸径<22.5 cm）；Ⅴ级（胸径≥22.5 cm）。

各项调查的同时，按前述方法采集标本。调查完成后，要对调查所得的原始资料进行整理和统计分析，填写植物群落汇总表，最后对整个群落进行总评。

2. 植物群落无样地调查

无样地调查法有多种方法，其中以中点方角法的效果较好，步骤如下。

1）确定测点

无样地调查对测点的确定是随机的，有几种方法：第一种方法，在群落地段内设置两条互相垂直的 X、Y 坐标线，线上各取一组随机数字，构成一系列随机点；第二种方法，在任意测线上随机确定若干测点，当该类群落在大范围内连续分布时，这种方法比较方便。

2）划分象限

每个测点上划分四个象限（设想），在测线上补充一条通过测点垂直线的线段，或在地段内部通过随机点做两条互相垂直的线。

3）调查与记录

对于乔木层，从随机测点的四个象限内各取距测点最近的植株作为取样对象，并按表 6-8 填写。对于林下各层，以每一个测点为中心，设置小面积样地进行调查并记录。

表 6-8　庐山地区中心点-四分法调查表

调查者：_______　调查日期：_______　调查地点：_______

群落类型：______________　群落名称：______________

随机点号	象限	树种或编号	点到树的距离	胸径	冠幅	高度
1	① ② ③ ④					

3. 样地调查和无样地调查结果分析

1）分析内容

样地调查和无样地调查是植物地理野外实习的重点内容，其结果分析包括以下几个方面。

（1）群落结构分析。

群落结构分析主要确定群落的生活型结构、垂直结构和水平结构。

（2）多样性分析。

群落多样性分析主要确定群落中种的丰富度及多样性。

（3）种群数量特征分析。

群落数量特征分析主要确定主要的种的多度、密度、盖度、显著度、频度、高度，以及重要值和总优势度。据此划分群落每一层的优势种和伴生种。

（4）群落动态变化分析。

群落动态变化分析主要通过种群年龄结构、群落更新层特征等来分析群落的动态演替过程及方向。

（5）环境因素分析。

结合群落样地调查记录，分析影响群落特征的环境因素。

（6）群落生物量与生产力分析。

除上述结果分析外，根据需要和事先准备，还可以分析群落的生物量和第一性生产力。

2）定量计算

以下简单介绍种的多样性和种群数量特征的指标和计算方法。

（1）种的多样性。

种的多样性主要基于 Simpson 指数（L）和 Shannon-Wiener 指数（H'）进行计算。其中，Simpson 指数，即辛普森指数，在生态学中常用来定量描述一个区域的生物多样性。Simpson 指数值越高，表明群落多样性越高。Shannon-Wiener 指数，即香农–维纳指数，综合考虑了群落的丰富度和均匀度，是用来评估生物多样性的指数之一。Shannon-Wiener 指数值越高，表明群落的多样性越高。

假设群落的总种数为 S，总个体数为 N，第 i 个物种的个体数为 n_i，$P_i=n_i/N$。那么，Simpson 指数和 Shannon-Wiener 指数的计算公式分别如下：

$$L=\sum(P_i \times P_i) \tag{6-1}$$

$$H' = -\sum\left(P_i \times \log_2 P_i\right) \tag{6-2}$$

（2）多度和密度。

多度和密度表示一个种在群落中单位面积上的个体数目。计算方法分为个体调查计数法和目测估计法，前者用于森林乔木和灌木，后者常用于草本群落或森林群落的草本层。

个体调查计数法的计算方法是，所调查样地的单位面积里某一个种的个体数目，实际上这个指标反映的是密度。目测估计法是按照事先划分的多度等级进行估计的，常用 Drude 多度制进行等级划分（表 6-9）。

表 6-9　Drude 多度制的等级划分

等级	等级描述
Soc	植株地上部分郁闭，形成背景化
Cop3	植株很多
Cop2	植株多
Cop1	植株尚多
Sp	植株数量不多，散布
Sol	植株很少，偶见
Un	在样地内只有一株

（3）盖度和显著度。

盖度可分为投影盖度和基部盖度。投影盖度是植物地上器官垂直投影所覆盖土地的面积，一般目视估算，按所占单位面积的百分率或十分数表示。乔木树冠盖度又称郁闭度，可根据目视树冠间露出天空的面积比例反推估算。由于不同种在空间中彼此枝叶存在交叉和重叠，因此一个群落的总盖度往往小于各个种盖度之和。

基部盖度指植物基部实际占的面积，多用于草本群落或草本层，表示草丛基部的盖度。在森林调查中，常采用树干盖度，即测定一个树种的胸高断面积占样地面积的比例，这也是群落调查中非常重要的一个指标——显著度。

不同于多度和密度，盖度不决定于植株的数目，而是决定于植株的生物学特征，如体形、叶面积等，因此其生态学意义大于多度，更能反映植物相互间以及与环境相互间的生态关系。

（4）频度。

频度表示含有某一个种的样地数占样地总数的百分数。

（5）重要值和总优势度。

为了反映一个植物种在群落中的重要性，用于确定植物群落各层的优势种，常用重要值和总优势度两个指标。前者主要用于乔木层，也可在灌木层使用；后者多用于分析草本植物和许多灌木层的重要性。重要值是一个综合性指标，是相对密度、相对显著度和相对频度三者之和。总优势度较为简化和常用的计算方法是取相对盖度和相对高度的平均数（表 6-10）。

表 6-10　庐山地区样地调查和无样地调查结果计算公式

调查类型	计算指标	计算公式
样地调查（样地面积确定）	密度	密度=（某种植物的个体数/样地面积）×100%
	相对密度	相对密度=（一个种的密度/所有种的密度和）×100%
	显著度	显著度=（某种植物所有个体胸高断面积和/样地面积）×100%
	相对显著度	相对显著度=（一个种的显著度/所有种的显著度和）×100%
	频度	频度=（某种植物出现的样地数/所调查的样地总数）×100%
	相对频度	相对频度=（一个种的频度/所有种的频度和）×100%
	重要值	重要值=相对密度+相对显著度+相对频度
	相对盖度	相对盖度=（一个种的盖度/所有种的盖度和）×100%
	相对高度	相对高度=（一个种的高度/所有种的高度和）×100%
	总优势度	总优势度=（相对盖度+相对高度）/2
无样地调查（样地面积不确定）	点株距总和	点株距总和=测点到某种植株距离（点株距）的总和
	平均点株距	平均点株距=Σ点株距总和/总株数
	平均每株面积	平均每株面积=平均点株距×平均点株距
	所有种总密度	所有种总密度=1/平均每株面积
	某个种密度	某个种密度=总密度×某个种的相对密度
	某个种相对密度	某个种相对密度=某个种株数/总株数
	某个种显著度	某个种显著度=平均显著度×某个种的密度
	各个种平均显著度	各个种平均显著度=总显著度（或全部断面积总和）/总株数
	某个种相对显著度	某个种相对显著度=某个种的显著度/总显著度
	某个种频度	某个种频度=该种的测点数/测点总数
	某个种相对频度	某个种相对频度=某个种的频度/各个种频度总和
	某个种重要值	某个种重要值=相对密度+相对显著度+相对频度

4. 路线调查法

在每日的实习路线中，沿途观察记录所见植被类型、植物群落特征，注意分辨群落的垂直分层，以及各层优势种和常见种（必要时采集标本，如因物候期等原因在野外无法鉴定到种，可暂确定科与属，待后续进一步鉴定）。记录群落对应的位置、海拔，以及坡向、风、地形、土壤、水分条件等小生境。对整个实习期间的路线调查记录进行总结分析，可大致了解庐山地区主要植被类型和群落的分布概况，也可更深入地了解植物分布、群落特征与环境之间的关系。

1）白鹿洞－南山公路－牯岭镇

山麓地带观察基带植被——常绿阔叶林。在白鹿洞分布有残存的常绿阔叶林，优势乔木有樟树、青冈栎、石栎等。多见次生马尾松林，如白鹿洞书院售票处对面山坡，海拔约 180 m，是一处马尾松林，乔木层Ⅱ层有山矾、杨桐、樟树，灌木层有檵木（优势种）、油茶、柃木、老鼠矢、八角枫、大青，草本层有中华淡竹叶（优势种）、铁芒萁、狗脊蕨、鳞毛蕨。

沿南山公路上行，可见海拔 550 m 处有杉木林；海拔 600 m 处有毛竹林，直至海拔 700 m 左侧谷地仍有分布；海拔 750 m 右侧山坡有黄山松林、左侧山坡杉木林混有毛竹；海拔 850 m 处可见柳杉林。

2）气象站－松树路－月照松林－保护站

沿松树路从合面街到月照松林，海拔约 1080 m，沿途主要是黄山松林，林下有丰富的阔叶种类，如柃木、青榨槭、蜡瓣花、庐山石楠、野鸦椿、山鸡椒、山胡椒、山橿、满山红、映山红、荚蒾、四照花、八角枫、大青等，草本层有蕨、中华淡竹叶、芒、菝葜等。路左侧有楝叶吴萸、山槐、檫木、石灰花楸等落叶阔叶树乔木。月照松林景点至保护站有一片栽种的鹅掌楸林。

3）保护站－湖北路－如琴湖－锦绣谷－仙人洞

从保护站经湖北路到如琴湖，海拔 1000～1080 m，沿途有大量落叶阔叶树种，如庐山椴、四照花、灯台树、白檀、化香树、小叶白辛树、短柄枹栎、石灰花楸、蓝果树等，可见人工栽培的毛竹，其突破了毛竹自然分布上线，如琴湖可见芦苇、水芭蕉、黄花鸢尾等水生植物。

从如琴湖下锦绣谷至仙人洞，海拔 950～1000 m，沿途可见常绿树种较多，常见小叶青冈小乔木状，甚至在好运石和险峰下的陡崖均有分布，以及大灌木至小乔木状的杨桐、黄丹木姜子、具柄冬青；灌木层常见马银花，也有厚皮香、细叶香桂；落叶树以短柄枹栎频度最高，可见山槐、茅栗、石灰花楸、雷公鹅耳枥、白蜡树、楝叶吴萸、山樱花，以及栽种大树檫木、枫香、蓝果树、朴树；灌木层常见满山红、蜡瓣花、野鸦椿，可见山胡椒、山鸡椒。

4）汉口峡—大月山路—大月山

经脂红路沿沙河往上至汉口峡，可见右侧女儿城的扁柏林，左侧屋脊岭的黄山松林。沿沟灌丛有溲疏、水马桑、玉山竹、中国绣球、鸡桑。汉口峡水厂附近有小片金钱松林，至大月山水库途中有小片湿生植被，以灯芯草为主。水库南侧有一片次生草丛，可见芒（优势种）、野大豆、月见草、华萝藦、牛皮消、大狼杷草、荔枝草、狗尾草、金色狗尾草、蛇含委陵菜、鸡眼草等。

沿大月山路上行，过七里冲路口往上，可见黄山松疏林下的玉山竹丛，再往上至雷达站，黄山松林退化明显，灌丛大片分布，路边有三桠乌药、映山红、山橿、荚蒾、白檀、灯台树、豆梨、山桐子、水榆花楸等落叶阔叶树种，且常伴有玉山竹和柃木。藤本植物丰富，可见南蛇藤、常春藤、鸡屎藤、锈毛蛇葡萄、牯岭勾儿茶、地锦、牛皮消、日本薯蓣。

5）东谷—庐山大厦—回龙路—黄龙寺—黄龙潭—乌龙潭

沿东谷河沟可见落叶大树如紫弹树、三角枫、蓝果树等。庐山大厦对面中八路至中九路附近有一片落叶阔叶林，优势种为短柄枹栎、锥栗，也有庐山椴、石灰花楸、白玉兰、茅栗等。

回龙路至黄龙寺，海拔 900～990 m，沿途是日本扁柏林，林相整齐，自然稀疏现象普遍，林下灌木层和草本层多缺乏，日本扁柏幼苗少见。路边常见自然稀疏林窗和倒木林窗，其下以山鸡椒灌丛居多，灌丛里混有老鼠矢、八角枫、大青、中国绣球、檫木、橉木、柃木，靠近黄龙寺的林窗里还有香果树幼苗，草本层以中华淡竹叶为绝对优势种，也有求米草。在一处沟谷倒木林窗的阴坡，有大量日本扁柏苗和小树，混有杉木、老鼠矢、凹叶厚朴、君迁子等。路边沟谷常有落叶阔叶树种，也常见因水分积聚形成的湿生植物群落。

黄龙寺最著名的树是人工种植的一株银杏和两株柳杉，即“三宝树”，附近有香果树、檫木等落叶树古树，以及混有阔叶树的毛竹林。在黄龙寺公路终点处，海拔约 900 m，坡下为混交林，乔木中常绿树有小叶青冈、甜槠数十株，落叶树有枫香、蓝果树、茅栗数十株，混有杉木，边缘有毛竹；沿路坡上为毛竹林，常绿树有甜槠、小叶青冈数株，偶见红毒茴和黄丹木姜子，落叶树有檫木、锥栗、枫香、蓝果树大乔木十余株，以及青榨槭、四照花、短柄枹栎、石灰花楸小乔木少许。以上共计数约一百株，常绿占比约为 1/3。

从黄龙寺三宝树往下至乌龙潭，海拔 810～900 m，常绿阔叶树种渐多，如黄丹木姜子、小叶青冈、豹皮樟呈小乔木状，个别可达乔Ⅱ层，落叶阔叶树有不少大树占据乔Ⅰ层，如枫香、香果树、蓝果树、橉木等，路右侧坡上是杉竹混交林。在黄龙潭路边，有十余株小叶青冈大树成林，混有几株锥栗和短柄枹栎。在乌龙潭路口桥上，可见下游对面山坡上，有以茅栗为主的阔叶林，山坡下缘近河谷有小叶青冈散布。在乌龙潭路上，沿路左侧坡地为日本扁柏林，右侧坡下缘近河谷为毛竹林并沿河谷延伸至乌龙潭上游，坡上则为阔叶林，潭边有野茉莉、檵木、蓝果树等，也有常绿的豹皮樟。

6）电站大坝—神龙宫路—悬索桥—龙首崖—大天池—仙人洞

从电站大坝经神龙宫路下到悬索桥，海拔 600～800 m，一路可见甜槠、青冈、小叶青冈、杨桐、豹皮樟等常绿树种和锥栗、檫木、枫香、青榨槭等落叶树，以及针叶树杉木。悬索桥两端陡崖有成片青冈。往龙首崖方向攀登，黄山松林里，阔叶树初以青冈和石栎为优势种，并可见厚皮香、尾叶冬青、杨桐、连蕊茶、冬青、天竺桂、细叶香桂、石楠、桂樱、蚊母树等常绿成分；后半程常见天竺桂、细叶香桂、青冈、甜槠、冬青等。至大天池，甜槠优势渐增，已可见落叶阔叶树种，如刺楸、卫矛等，天池寺附近种植有鹅掌楸、椴树、榉树等落叶树古树。

仙人洞附近的阳明路上，海拔约 950 m，黄山松林下常绿阔叶和落叶阔叶都有。常绿树种有甜槠大乔木状、厚皮香、小叶青冈、具柄冬青、黄丹木姜子、天竺桂、老鼠矢小乔木状，灌木层常见马银花，也有柃木、杨桐、乌药。落叶树种常见石灰花楸、山槐、短柄枹栎、山樱花，也有玉兰、檵木；灌木层常见映山红、满山红、檵木，也有白檀、蜡瓣花、山鸡椒、山胡椒、庐山石楠。常绿占比四至五成。藤本植物有菝葜、野木瓜、薯蓣、土茯苓等。

7）小天池—滑雪场—日照峰

小天池路两侧为黄山松林，灌木层可见石灰花楸、映山红、柃木、茅栗和青冈，小天池山顶黄山松较矮，与灌木层差距不大。滑雪场分布有草甸和灌草丛。从滑雪场一侧上日照峰，海拔约 1250 m 处，可见一处凹地，该处原先是茶园，后废弃自然演替为灌草丛，主要包括茅栗、山楂、鸡桑、水马桑、溲疏、映山红、卫矛、绣线菊、山橿，以及芒、蕨、紫萁、扛板归、三花悬钩子；从此处可看日照峰的阳坡一侧，黄山松林下多数大块的落叶阔叶灌丛；而此处南侧山坡上为扁柏林。绕日照峰从莲谷路下山，可见日照峰阴坡黄山松林长势较好，林下灌木以茅栗为主。

8）脂红路—上中路—上中南路—天狗洞—含鄱口—含鄱岭—植物园

上中路沿路有很多落叶阔叶大树，以小叶白辛树、庐山椴、化香树为主，其次为灯台树、短柄枹栎，也有玉兰、凹叶厚朴、四照花。

天狗洞至含鄱口公交站沿途以日本柳杉林为主，其中有雪致林窗和人工林窗。在人工林窗下可见到日本柳杉幼树更新，阔叶树种丰富，有山鸡椒、茅栗、柃木、君迁子、山矾、小叶青冈等。

含鄱口路沿途南侧为日本扁柏林，北侧为柳杉林。含鄱口检票口附近路边，坡上侧黄山松林的近路边缘，有小叶青冈数株，与短柄枹栎、灯台树形成小片混交林。含鄱口景点太乙峰一侧，黄山松林退化，落叶阔叶树种形成灌丛，少数已达乔木高度。含鄱岭上是黄山松林，含鄱亭至望鄱亭段，海拔约 1150 m，在阳坡侧有多种常绿树种小乔木状，有细叶香桂、小叶青冈、黄丹木姜子、柃木，与落叶树混交。

往下至植物园，此坡上段为一片鹅耳枥林，有白木乌桕、青榨槭、三桠乌药、石灰花楸多株，此处实为天然的落叶阔叶林；下段路左侧是日本柳杉林，右侧有一片小叶青冈常绿林。庐山植物园种植的植物种类丰富，尤其以杜鹃园、松柏区、蕨苑最具特色。植物园后的月轮峰，可见基本自然状态的落叶阔叶林。

9）五老峰—三叠泉

五老峰山门往上不远，有一处黄山松林下分布小片黄丹木姜子大灌木状；沿途三桠乌药常见。山脊海拔 1300 m 以上，为黄山松疏林，灌木层主要种类有三桠乌药、映山红、白檀，亦有短柄枹栎、山橿、豆梨、中国绣球、满山红、胡颓子、鸡桑、绿叶甘橿、合轴荚蒾、柃木、白木乌桕、荚蒾等，草本层有寒莓、山莓、三花悬钩子等。

下五老峰至育种站途中，海拔 1180～1280 m，上段分布着短柄枹栎-玉山竹群丛和小片雷公鹅耳枥林，还可见茅栗、豆梨等；下段是柳杉林，可见小叶白辛、君迁子，以及豺皮樟、小叶青冈等。

三叠泉缆车上站往下至缆车下站，海拔 830～980 m，沿途可见小叶青冈、甜槠、杨桐、天竺桂、冬青、黄丹木姜子、交让木、豹皮樟、青冈，以及白木乌桕、蓝果树、君迁子、短柄枹栎、小叶白辛树、枫香、鹅耳枥、白檀、山槐、楝叶吴萸、四照花、黄檀、紫茎。

从缆车下站往下经二叠至三叠，海拔降至 600 m，沿途已以常绿树种为主。可见青冈、豹皮樟、杨桐、黄丹木姜子、毛花连蕊茶、乌药、天竺桂、海金子、红楠，以及青榨槭、小叶白辛树、鹅耳枥。

（三）庐山地区植被垂直带分析

1. 植被垂直带断面观察

植被垂直带断面观察是指有目的地针对植被垂直分布现象，通过遥望或身处森林群落的方式，并结合地形图，观察庐山地区主要的一些断面上的植被类型的垂直分布规律。结合不同的实习路线，可以有各种不同的断面供观察。例如，大月山—汉口峡—牯岭镇断面，大月山—青莲寺断面，含鄱口断面，大天池—龙首崖—石门涧断面，芦林湖—黄龙寺—黄龙潭—电站大坝—悬索桥断面，五老峰断面，三叠泉断面，日照峰—剪刀峡断面等。

身处森林群落的方式能够深入到断面各个部分，近距离细致观察植物群落的特征，包括建群种和林下各层优势种。例如，从悬索桥到大天池，沿途攀登，可见建群种依次有青冈、石栎、甜槠，伴生种有厚皮香、细叶香桂、尾叶冬青、石楠、老鼠矢等。此部分亦可结合植物群落调查同步进行。

遥望的方式则可以对某一条断面上各处群落外貌有整体的认识。每一条断面，又可以从不同方向观察。例如，虎背岭—锦绣谷断面，可以从气象台、如琴湖、锦绣谷险峰等处遥望观察其群落外貌，判断垂直带性植被类型的分布及界线。在一些地点，可见到上述断面的部分或全部。例如，在气象站，可遥望虎背岭、女儿城、大月山、日照峰、屋脊岭等断面上端部分的落叶阔叶林和温性针叶林；在五老峰，可遥望峰下狮子岩直至鄱阳湖边的落叶阔叶林、针叶林、毛竹林和常绿阔叶林的完整断面，从五老峰回望大月山—青莲寺完整断面可见黄山松林和落叶阔叶林，及其在该断面上若干沟谷两侧的分布情况；在观云亭，可向上观察日照峰黄山松林，向下观察剪刀峡阔叶林断面。

2. 植被垂直带谱分析

综合样地和无样地调查、路线调查和植被垂直带断面观察的结果，以及以鉴定的植物标本和观察记录为基础，厘清庐山地区主要植物群落类型及其分布，结合海拔数据，对庐山植被的垂直分布规律进行分析。重点分析垂直带性植被即常绿阔叶林、常绿落叶阔叶混交林、落叶阔叶林的分布，也可分析针叶林的垂直分布。注意庐山不同方位的断面，植物垂直分布的界线可能不一致，如北坡的界线一般比南坡的界线更低。注意现状植被与潜在植被分布的区别，分析二者分布差别的原因。

（四）庐山地区植被演替分析

一般来说，森林群落乔木层特征决定了现状植被，而群落更新层特征预示了植被演替的方向。比如，黄山松群落林下一般缺乏其自然更新的幼苗、幼树，而在土层深厚的山坡或谷地，自然条件较好的地方，黄山松林下原来残留的落叶阔叶树，如短柄枹栎、锥栗、麻栎、石灰花楸、化香树等幼树生长良好；同时，随着林冠郁闭度的增大，林内光照条件减弱，枯枝落叶的积累增厚等环境条件的改善，使黄山松不能在自身的林冠下自然更新。任其自然发展，将通过落叶阔叶树与黄山松首先组成针阔叶混交林阶段，然后，待黄山松衰老而逐渐被落叶阔叶林所代替。在一些因自然稀疏或风雪破坏或人为砍伐导致的林窗下，以落叶阔叶树幼苗幼树占据主导地位，也从另一个角度表明了黄山松林的演替方向。日本扁柏林、日本柳杉林的更新层也预示着同样的演替方向。

实际运用更新层预测群落演替方向时，还需结合其他因素如植被历史（史料记载、林下土壤类型等）、生物气候带（气象资料特别是温度）做综合判断。例如，调查发现庐山某地海拔 950 m 的阔叶林更新层中常绿阔叶树占据主导地位。那么，这些常绿阔叶幼树能否在将来形成乔木层，并成为优势种形成稳定的垂直带性植被？更新层的常绿阔叶树是在群落的小环境发展起来的，可能更好地反映了群落的小环境，但能否反映山地垂直带性气候？

预测的演替方向与该地生物气候带是否相符，可检验预测是否合理。植被分布的自然因素应理解为大的气候条件和区域小生境相结合的产物，而人为活动是另一个重要因素。自然因素中，气候是主要的方面。在一定的时间尺度上，气候相对比较稳定、变化较为缓慢，而植物的分布对气候的变化响应是敏感的，也就是说在正常情况下，气候和植被分布是匹配的，现状植被反映了演替的气候顶极，植被分布也是稳定的，只是因为气候的波动而处于动态平衡。至于区域小生境的影响，其实是次要的方面，在小的尺度和部分区域气候主导的植被分布产生偏离。因此，庐山现状植被与“潜在的垂直带性植被”的偏差主要是人为活动造成的，如山顶大面积针叶林的人工种植。上述“庐山主要植被类型”中垂直带性植被分布的分界线，就是基于一个假设，即分界线附近的植被演替已经到达气候演替顶极或其附近。当然，在当前全球变暖、局地气候变化加剧的背景下，庐山各个垂直带性植被分布界线是否处于一个趋势性的变化过程中，还需要进一步研究。

四、代表性观测点

1. 白鹿洞书院

（1）观测类型：庐山地区地带性植被和次生演替系统。

（2）植被特征：白鹿洞位于庐山东部，属于低海拔丘陵，其植被类型主要为亚热带地带性植被——常绿阔叶林，群落物种组成主要为石栎、青冈、樟树等常绿阔叶树种；同时，由于早期的人为破坏和近些年的保育，该地部分植被正处在次生演替阶段，群落先锋种为马尾松。

2. 神龙宫路、黄龙寺、乌龙潭

（1）观测类型：常绿阔叶林及其分布上限，常绿阔叶林常见树种。

（2）植被特征：神龙宫路一带分布有典型的常绿阔叶林，保存较为完整，群落优势树种为甜槠、小叶青冈等，落叶阔叶树有枫香、锥栗等；乌龙潭保存有一片较为完整的小叶青冈林；在黄龙寺一带，开始出现落叶阔叶树种，如枹栎、拐枣等，表明此处植被类型为常绿阔叶林向落叶阔叶林的过渡地带。

3. 东谷、庐山大厦、回龙路

（1）观测类型：落叶阔叶林及常见树种。

（2）植被特征：该地点海拔在 1000 m 左右，分布有庐山地区典型的落叶阔叶林。沿东谷河谷可见落叶大树如朴树、五角枫、蓝果树等；庐山大厦对面中十路附近有一片落叶阔叶林，有短柄枹栎、椴树、石灰花楸、白玉兰、茅栗、锥栗、白木乌桕等；回龙路沿途是日本扁柏林，在沟谷处常可见到落叶阔叶树。

4. 龙首崖、锦绣谷

（1）观测类型：黄山松林分布下限。

（2）植被特征：在 700～850 m 的断崖上，可清晰地观察到黄山松的分布下限，是庐山较为明显的物种分布边界之一；在其之下是常绿阔叶林，而以上则为落叶阔叶林。

5. 五老峰、汉口峡、含鄱口

（1）观测类型：庐山植被垂直带谱。

（2）植被特征：在良好的视野下，以上观测地点能够清楚地观测到整个庐山的植被垂直分布现状，即随海拔升高，植被类型依次变化为常绿阔叶林—常绿落叶阔叶混交林—落叶阔叶林。

6. 大天池、含鄱口路、庐山滑雪场

（1）观测类型：无样地调查、森林样方调查、灌草样方调查、逆行演替。

（2）植被特征及群落调查：在庐山滑雪场一带，由于人为砍伐等经济活动，黄山松林演替为次生林、次生灌丛和草地；此外，植被地理实习在含鄱口路、大天池和庐山滑雪场等地分别开展无样地调查（中心点-四份法）、森林样方调查和灌草样方调查。

第三节 植物地理野外实习总结

在野外实习过程中及结束后，要及时整理野外记录和所采集的标本。对于植物群落样地调查和无样地调查，要对调查结果进行整理，分析该植物群落的结构特征、物种多样性和区系成分、种群统计数量特征、群落发展趋势及其与环境之间的关系等。结合路线调查结果和植被垂直带断面观察结果，对庐山植被垂直分带规律进行分析。最后撰写实习报告，系统地总结植物地理野外实习。

一、实习汇报建议选题

（1）庐山某地主要植物种类及其植物区系特征。

（2）基于实习路线调查庐山植物种类多样性并分析其地理分布特点。

（3）基于样地调查结果的庐山某地植物群落的种群数量特征。

（4）庐山主要植物群落与环境的相互关系。

（5）庐山植被垂直分布现状及垂直带性规律。

（6）庐山主要植被演替类型和演替方向。

二、实习分报告建议提纲

植物地理野外实习结束后，建议撰写植物地理实习分报告。该分报告是对植物地理野外实习内容图文并茂的全面总结。报告的内容一般应包括如下几个方面。

前言

主要包括实习的时间、地点、参与人员、方式，以及本次实习的主要工作内容和目的。

第一章　实习区域概况

主要包括地形、气候、水文、土壤等自然条件，以及人类活动因素，并根据实习的内容和目的应有所侧重。

第二章　实习方法

主要包括植物地理野外调查所采用的方式、方法，如具体地点、时间、操作步骤等。

第三章　结果与分析

主要包括针对前述实习内容展开分析，还包括基于识别到的本地主要植物种类，分析物种多样性和区系成分；基于样地调查和无样地调查，分析群落结构特征和种群数量特征；基于路线调查和植被垂直带断面观察结果，分析庐山植被垂直分带规律；基于各种方法，分析庐山主要植物群落演替系列，以及植物与环境之间的关系等。可以根据实习情况，侧重其中几个方面。注意：以上内容要求有数据分析，以图表的方式展示。

第四章　讨论与建议

主要包括根据以上分析，对植物地理学中一些理论与实践问题展开讨论，提出自己的看法和建议。此部分也可与第三章结果与分析合并。

第五章　结论

主要包括上述植物地理野外调查的主要结论。

参考文献

主要包括实习报告撰写过程中所引用的书籍、论文、报刊、网页等资料。

思考题

1. 庐山植物区系的组成。
2. 庐山被子植物的区系组成及特点。
3. 庐山针叶树种的区系组成及特点。

4. 庐山山地植被的垂直分布规律及成因。
5. 土壤和气候对庐山山地植被分布可能存在哪些影响?
6. 常绿阔叶林植物群落的主要特征。
7. 庐山落叶阔叶林的树种组成及群落特征。
8. 庐山黄山松分布的海拔适应性分析。
9. 山地温性针叶林植物群落的主要特征。
10. 黄山松分布下限的形成原因。
11. 小叶青冈能够分布至庐山较高海拔（如植物园一带）的原因。
12. 举例说明非气候因素对庐山植被分布的影响。
13. 在气候变化背景下，亚热带山地黄山松的分布范围会发生何种变化?
14. 结合遥感手段分析庐山山地植被带的时空分布特征及其驱动因素。
15. 庐山植物群落演替的类型及成因。

第七章　庐山地区动物地理野外实习

庐山地区动物区系具有过渡性，动物类型多样，鸟类和昆虫类多样化程度更高，且与自然地理环境关系密切，是比较理想的动物地理野外实习场所。本章主要从庐山地区动物地理概况、动物地理野外实习内容、动物地理野外实习总结三个部分进行阐述。

第一节　动物地理概况

庐山地区由于地理环境复杂，生态环境多样，为多种多样的野生动物的繁殖与栖息提供了良好的条件，特别是昆虫、鸟类和兽类等。本节主要介绍庐山自然保护区中脊椎动物区系组成和主要脊椎动物类型。

一、动物区系

在世界动物地理区划中，我国隶属于东洋界和古北界，而庐山地区地处东洋界的北缘。庐山地区动物区系组成具有过渡性特征，特别是表现在鸟类种数分布上，如东洋界鸟类有57种、古北界鸟类有21种。鱼类、两栖类、爬行类、哺乳类等皆以东洋界物种为主（表7-1）。

表7-1　庐山自然保护区脊椎动物区系分布　　（单位：种）

区系	鱼类	两栖类	爬行类	鸟类	哺乳类
物种总数	17	23	42	94	40
东洋界物种数	17	20	32	57	24
古北界物种数	—	—	—	21	4
广布物种种数	—	3	10	16	12

二、动物类型

（一）鱼类

庐山共发现野生淡水鱼类17种，隶属于4目（鲤形目、鲇形目、鲈形目、合鳃鱼目）8科17属（表7-2），未发现洄游性鱼类或引入种。其中，以鲤形目鲤科鱼类为主，发现 10 种，占总种数的 58.82%。庐山鱼类多为山区溪流型鱼类，如侧条光唇鱼、鱥（尖头）、普栉虾虎鱼、马口鱼、宽鳍鱲等，它们具有适应山区溪流生活的特殊结构特征，但也采集到少量常栖息在湖泊中的高体鳑鲏和鲫鱼。

表 7-2 庐山自然保护区鱼类物种组成

序号	物种名称	动物区系	生态类型
1	马口鱼 *Opsariichthys bidens*	东洋界淡水鱼类	山区溪流型
2	宽鳍鱲*Zacco platypus*	东洋界淡水鱼类	山区溪流型
3	侧条光唇鱼 *Acrossocheilus parallens*	东洋界淡水鱼类	山区溪流型
4	棒花鱼 *Abbottina rivularis*	东洋界淡水鱼类	
5	麦穗鱼 *Pseudorasbora parva*	东洋界淡水鱼类	
6	花䱻*Hemibarbus maculatus*	东洋界淡水鱼类	
7	短须颌须鮈*Gnathopogon imberbis*	东洋界淡水鱼类	
8	高体鳑鲏 *Rhodeus ocellatus*	东洋界淡水鱼类	湖泊型
9	鲫鱼 *Carassius auratus*	东洋界淡水鱼类	湖泊型
10	鱥（尖头）*Phoxinus oxycephalus*	东洋界淡水鱼类	山区溪流型
11	泥鳅 *Misgurnus anguillicaudatus*	东洋界淡水鱼类	
12	鲇 *Silurus asotus*	东洋界淡水鱼类	
13	鳗尾鉠*Liobagrus anguillicauda*	东洋界淡水鱼类	
14	黄颡鱼 *Pelteobagrus fulvidraco*	东洋界淡水鱼类	
15	普栉虾虎鱼 *Ctenogobius giurinus*	东洋界淡水鱼类	山区溪流型
16	月鳢 *Channa asiatica*	东洋界淡水鱼类	
17	黄鳝 *Monopterus albus*	东洋界淡水鱼类	

（二）两栖动物

庐山已记录两栖动物 23 种，隶属于 2 目 8 科（表 7-3），占江西省已知 39 种两栖动物的 58.97%。其中，20 种属东洋界种类，3 种属广布种，无古北界种类。此外，分别有 6 种、5 种、4 种、4 种和 4 种两栖类的生态类型属静水型、陆栖-静水型、流水型、陆栖-流水型和树栖型。除中国大鲵、虎纹蛙为国家二级保护动物外，其余 21 种两栖动物均属“国家保护的有益的或者有重要经济、科学研究价值的陆生野生动物”。

表 7-3　庐山自然保护区两栖动物物种组成

序号	物种名称	动物区系	生态类型
1	中国大鲵 *Andrias davidianus*	广布种	流水型
2	东方蝾螈 *Cynops orientalis*	东洋界种	静水型
3	小角蟾 *Megophrys minor*	东洋界种	陆栖-流水型
4	淡肩角蟾 *Megophrys boettgeri*	东洋界种	陆栖-流水型
5	中华蟾蜍 *Bufo gargarizans*	广布种	陆栖-静水型
6	无斑雨蛙 *Hyla immaculata*	东洋界种	树栖型
7	中国雨蛙 *Hyla chinensis*	东洋界种	树栖型
8	沼蛙 *Rana guentheri*	东洋界种	静水型
9	日本林蛙 *Rana japonica*	东洋界种	陆栖-静水型
10	黑斑侧褶蛙 *Pelophylax nigromaculatus*	广布种	静水型
11	金线蛙 *Rana plancyi*	东洋界种	静水型
12	阔褶蛙 *Rana latouchii*	东洋界种	静水型
13	泽蛙 *Rana limnocharis*	东洋界种	陆栖-静水型
14	棘胸蛙 *Paa spinosa*	东洋界种	流水型
15	棘腹蛙 *Paa boulengeri*	东洋界种	流水型
16	虎纹蛙 *Hoplobatrachus rugolosus*	东洋界种	静水型
17	花臭蛙 *Odorrana schmackeri*	东洋界种	陆栖-流水型
18	竹叶蛙 *Bamburana versabilis*	东洋界种	流水型
19	华南湍蛙 *Amolops ricketti*	东洋界种	陆栖-流水型
20	大泛树蛙 *Polypedates dennysi*	东洋界种	树栖型
21	斑腿泛树蛙 *Polypedates megacephalus*	东洋界种	树栖型
22	饰纹姬蛙 *Microhyla ornata*	东洋界种	陆栖-静水型
23	花姬蛙 *Microhyla pulchra*	东洋界种	陆栖-静水型

（三）爬行动物

庐山共发现爬行动物 42 种，隶属于 3 目 9 科（表 7-4），占江西省已记录 80 种爬行动物的 52.50%，比庐山爬行动物原记录新增 10 种。其中，32 种属东洋界种，10 种属广布种，无古北界种。庐山所有发现的爬行动物均属“国家保护的有益的或者有重要经济、科学研究价值的陆生野生动物”。

表 7-4　庐山自然保护区爬行动物物种组成

序号	物种名称	动物区系
1	平胸龟 *Platysternon megacephalum*	东洋界种
2	乌龟 *Chinemys reevesii*	广布种
3	东北鳖 *Pelodiscus sinensis*	广布种
4	铅山壁虎 *Gekko hokouensis*	东洋界种
5	多疣壁虎 *Gekko japonicus*	东洋界种
6	中国石龙子 *Eumeces chinensis*	东洋界种
7	蓝尾石龙子 *Eumeces elegans*	东洋界种
8	铜蜓蜥 *Sphenomorphus indicus*	东洋界种
9	北草蜥 *Takydromus septentrionalis*	广布种
10	黑脊蛇 *Achalinus spinalis*	东洋界种
11	钝尾两头蛇 *Calamaria septentrionalis*	东洋界种
12	翠青蛇 *Cyclophiops major*	东洋界种
13	黄链蛇 *Dinodon flavozonatum*	东洋界种
14	赤链蛇 *Dinodon rufozonatum*	广布种
15	双斑锦蛇 *Elaphe bimaculata*	东洋界种
16	王锦蛇 *Elaphe carinata*	东洋界种
17	玉斑锦蛇 *Elaphe mandarina*	广布种
18	紫灰锦蛇 *Elaphe porphyracea*	东洋界种
19	红点锦蛇 *Elaphe rufodorsata*	广布种
20	黑眉锦蛇 *Elaphe taeniura*	广布种
21	中国水蛇 *Enhydris chinensis*	东洋界种
22	黑背白环蛇 *Lycodon ruhstrati*	东洋界种
23	中国小头蛇 *Oligodon chinensis*	东洋界种
24	虎斑颈槽蛇 *Rhabdophis tigrinus*	广布种
25	福建颈斑蛇 *Plagiopholis styani*	东洋界种
26	平鳞钝头蛇 *Pareas boulengeri*	东洋界种
27	钝头蛇 *Pareas chinensis*	东洋界种
28	花尾斜鳞蛇 *Pseudoxenodon stejnegeri*	东洋界种
29	灰鼠蛇 *Ptyas korros*	东洋界种
30	环纹华游蛇 *Sinonatrix aequifasciata*	东洋界种
31	赤链华游蛇 *Sinonatrix annularis*	东洋界种
32	黑头剑蛇 *Sibynophis chinensis*	东洋界种
33	华游蛇 *Sinonatrix percarinata*	东洋界种
34	渔游蛇 *Xenochrophis piscator*	东洋界种

续表

序号	物种名称	动物区系
35	乌梢蛇 *Zaocys dhumnades*	东洋界种
36	银环蛇 *Bungarus multicinctus*	东洋界种
37	丽纹蛇 *Calliophis macclellandi*	东洋界种
38	舟山眼镜蛇 *Naja atra*	东洋界种
39	短尾蝮 *Gloydius brevicaudus*	广布种
40	尖吻蝮 *Deinagkistrodon acutus*	东洋界种
41	原矛头蝮 *Protobothrops mucrosquamatus*	东洋界种
42	竹叶青蛇 *Trimeresurus stejnegeri*	广布种

（四）鸟类

庐山已记录鸟类 240 种，隶属于 16 目 47 科。其中，属于国家重点保护鸟类的有 27 种，收录在《濒危野生动植物种国际贸易公约》（CITES）附录中的鸟类有 4 种。据 2010～2011 年庐山自然保护区鸟类资源调查，共记录鸟类 94 种，隶属于 14 目 36 科，占保护区已知鸟类总数（240 种）的 39.17%（表 7-5）。其中，留鸟 60 种，夏候鸟 15 种，冬候鸟 16 种，旅鸟 3 种。庐山已观察到鸳鸯、苍鹰、雀鹰、松雀鹰、红隼、游隼、白鹇、小鸦鹃、灰林鸮 9 种国家二级重点保护野生动物。

表 7-5　庐山自然保护区鸟类物种组成

序号	物种名称	动物区系	生态类型
1	小䴙䴘 *Tachybaptus ruficollis*	广布种	留鸟
2	池鹭 *Ardeola bacchus*	东洋界种	夏候鸟
3	牛背鹭 *Bubulcus ibis*	东洋界种	留鸟
4	中白鹭 *Egretta intermedia*	东洋界种	夏候鸟
5	白鹭 *Egretta garzetta*	东洋界种	夏候鸟
6	夜鹭 *Nycticorax nycticorax*	东洋界种	留鸟
7	鸳鸯 *Aix galericulata*	东洋界种	冬候鸟
8	苍鹰 *Accipiter gentilis*	古北界种	冬候鸟
9	棕尾鵟 *Buteo rufinus*	东洋界种	留鸟
10	雀鹰 *Accipiter nisus*	古北界种	留鸟
11	松雀鹰 *Accipiter virgatus*	东洋界种	留鸟
12	红隼 *Falco tinnunculus*	广布种	留鸟
13	游隼 *Falco peregrinus*	广布种	冬候鸟

续表

序号	物种名称	动物区系	生态类型
14	白鹇 *Lophura nycthemera*	东洋界种	留鸟
15	灰胸竹鸡 *Bambusicola thoracica*	东洋界种	留鸟
16	环颈雉 *Phasianus colchicus*	古北界种	留鸟
17	白胸苦恶鸟 *Amaurornis phoenicurus*	东洋界种	夏候鸟
18	黑水鸡 *Gallinula chloropus*	东洋界种	夏候鸟
19	红脚苦恶鸟 *Amaurornis akool*	东洋界种	留鸟
20	普通秧鸡 *Rallus aquaticus*	古北界种	冬候鸟
21	金眶鸻 *Charadrius dubius*	古北界种	冬候鸟
22	白腰草鹬 *Tringa ochropus*	古北界种	冬候鸟
23	矶鹬 *Actitis hypoleucos*	古北界种	冬候鸟
24	山斑鸠 *Streptopelia orientalis*	广布种	留鸟
25	珠颈斑鸠 *Streptopelia chinensis*	东洋界种	留鸟
26	小鸦鹃 *Centropus bengalensis*	广布种	留鸟
27	大鹰鹃 *Hierococcyx sparverioides*	东洋界种	夏候鸟
28	大杜鹃 *Cuculus canorus*	广布种	夏候鸟
29	灰林鸮 *Strix aluco*	东洋界种	留鸟
30	白腰雨燕 *Apus pacificus*	广布种	留鸟
31	白胸翡翠 *Halcyon smyrnensis*	东洋界种	留鸟
32	斑鱼狗 *Ceryle rudis*	东洋界种	留鸟
33	蓝翡翠 *Halcyon pileata*	东洋界种	夏候鸟
34	普通翠鸟 *Alcedo atthis*	广布种	留鸟
35	灰头绿啄木鸟 *Picus canus*	东洋界种	留鸟
36	星头啄木鸟 *Picoides canicapillus*	古北界种	留鸟
37	小云雀 *Alauda gulgula*	东洋界种	留鸟
38	家燕 *Hirundo rustica*	东洋界种	夏候鸟
39	金腰燕 *Cecropis daurica*	东洋界种	夏候鸟
40	烟腹毛脚燕 *Delichon dasypus*	东洋界种	留鸟
41	白鹡鸰 *Motacilla alba*	东洋界种	冬候鸟
42	西黄鹡鸰 *Motacilla flava*	古北界种	旅鸟
43	树鹨 *Anthus hodgsoni*	古北界种	冬候鸟
44	白头鹎 *Pycnonotus sinensis*	东洋界种	留鸟
45	黑短脚鹎 *Hypsipetes leucocephalus*	东洋界种	夏候鸟
46	黄臀鹎 *Pycnonotus xanthorrhous*	东洋界种	留鸟
47	栗背短脚鹎 *Hemixos castanonotus*	东洋界种	留鸟
48	领雀嘴鹎 *Spizixos semitorques*	东洋界种	留鸟

续表

序号	物种名称	动物区系	生态类型
49	虎纹伯劳 *Lanius tigrinus*	古北界种	夏候鸟
50	棕背伯劳 *Lanius schach*	东洋界种	留鸟
51	黑枕黄鹂 *Oriolus chinensis*	东洋界种	夏候鸟
52	八哥 *Acridotheres cristatellus*	东洋界种	留鸟
53	北椋鸟 *Sturnus sturninus*	古北界种	冬候鸟
54	黑领椋鸟 *Gracupica nigricollis*	东洋界种	留鸟
55	灰椋鸟 *Sturnus cineraceus*	古北界种	冬候鸟
56	大嘴乌鸦 *Corvus macrorhynchos*	广布种	留鸟
57	红嘴蓝鹊 *Urocissa erythrorhyncha*	东洋界种	留鸟
58	寿带 *Terpsiphone paradisi*	东洋界种	留鸟
59	松鸦 *Garrulus glandarius*	古北界种	留鸟
60	喜鹊 *Pica pica*	广布种	留鸟
61	白冠燕尾 *Enicurus leschenaulti*	东洋界种	留鸟
62	白眉地鸫 *Zoothera sibirica*	古北界种	冬候鸟
63	北红尾鸲 *Phoenicurus auroreus*	古北界种	冬候鸟
64	黑喉石䳭 *Saxicola torquata*	古北界种	冬候鸟
65	红尾水鸲 *Rhyacornis fuliginosus*	东洋界种	留鸟
66	蓝矶鸫 *Monticola solitarius*	东洋界种	冬候鸟
67	鹊鸲 *Copsychus saularis*	广布种	留鸟
68	乌鸫 *Turdus mandarinus*	东洋界种	留鸟
69	小燕尾 *Enicurus scouleri*	东洋界种	留鸟
70	紫啸鸫 *Myophonus caeruleus*	东洋界种	夏候鸟
71	黑脸噪鹛 *Garrulax perspicillatus*	东洋界种	留鸟
72	红头噪鹛 *Garrulax erythrocephalus*	东洋界种	留鸟
73	画眉 *Garrulax canorus*	东洋界种	留鸟
74	灰眶雀鹛 *Alcippe morrisonia*	东洋界种	留鸟
75	棕颈钩嘴鹛 *Pomatorhinus ruficollis*	东洋界种	留鸟
76	棕噪鹛 *Garrulax berthemyi*	东洋界种	留鸟
77	棕头鸦雀 *Paradoxornis webbianus*	东洋界种	留鸟
78	纯色山鹪莺 *Prinia inornata*	东洋界种	留鸟
79	白颊噪鹛 *Garrulax sannio*	东洋界种	留鸟
80	强脚树莺 *Cettia fortipes*	东洋界种	留鸟
81	暗绿绣眼鸟 *Zosterops japonica*	东洋界种	留鸟
82	红头长尾山雀 *Aegithalos concinnus*	东洋界种	留鸟
83	大山雀 *Parus major*	广布种	留鸟

续表

序号	物种名称	动物区系	生态类型
84	黄腹山雀 *Parus venustulus*	广布种	留鸟
85	煤山雀 *Parus ater*	东洋界种	留鸟
86	山麻雀 *Passer rutilans*	东洋界种	留鸟
87	（树）麻雀 *Passer montanus*	广布种	留鸟
88	白腰文鸟 *Lonchura striata*	东洋界种	留鸟
89	黑尾蜡嘴雀 *Eophona migratoria*	古北界种	夏候鸟
90	金翅雀 *Carduelis sinica*	广布种	留鸟
91	燕雀 *Fringilla montifringilla*	古北界种	旅鸟
92	黄眉鹀 *Emberiza chrysophrys*	古北界种	旅鸟
93	三道眉草鹀 *Emberiza cioides*	东洋界种	留鸟
94	小鹀 *Emberiza pusilla*	古北界种	冬候鸟

庐山鸟类的区系组成具有明显的亚热带特色，包括很多典型的亚热带及东洋界的特有种，如白鹭、牛背鹭、棕背伯劳、八哥、紫啸鸫等。其中，东洋界鸟类占主体地位，共有 58 种，占总数的 62%；古北界鸟类有 21 种，占总数的 22%；广布种鸟类有 15 种，占总数的 16%。

（五）哺乳动物

庐山已记录哺乳动物 40 种，隶属于 7 目 17 科（表 7-6）。其中，国家一级保护动物 1 种，国家二级保护动物 8 种，被列入《濒危野生动植物种国际贸易公约》附录 I 的 3 种、附录 II 的 4 种，被列入《中国濒危动物红皮书》的兽类 9 种，中国特有种 2 种。

表 7-6　庐山自然保护区哺乳动物物种组成

序号	物种名称	动物区系	生态类型
1	东北刺猬 *Erinaceus amurensis*	广布种	半地下型
2	海岛缺齿鼹 *Mogera insularis*	东洋界种	地下型
3	臭鼩 *Suncus murinus*	东洋界种	半地下型
4	灰腹水鼩 *Chimarrogale styani*	古北界种	半地下型
5	褐山蝠 *Nyctalus noctula*	东洋界种	岩洞栖息型
6	普通伏翼 *Pipistrellus pipistrellus*	东洋界种	岩洞栖息型
7	东亚蝙蝠 *Vespertilio superans*	广布种	岩洞栖息型
8	穿山甲 *Manis pentadactyla*	东洋界种	地下型
9	华南兔 *Lepus sinensis*	东洋界种	半地下型

续表

序号	物种名称	动物区系	生态类型
10	草兔 *Lepus capensis*	古北界种	半地下型
11	赤腹松鼠 *Callosciurus erythraeus*	东洋界种	树栖型
12	隐纹花松鼠 *Tamiops swinhoei*	东洋界种	树栖型
13	马来豪猪 *Hystrix brachyura*	东洋界种	半地下型
14	小家鼠 *Mus musculus*	广布种	半地下型
15	针毛鼠 *Niviventer fulvescens*	东洋界种	半地下型
16	白腹巨鼠 *Leopoldamys edwardsi*	东洋界种	半地下型
17	黄胸鼠 *Rattus tanezumi*	东洋界种	半地下型
18	褐家鼠 *Rattus norvegicus*	广布种	半地下型
19	大足鼠 *Rattus nitidus*	东洋界种	半地下型
20	中华竹鼠 *Rhizomys sinensis*	东洋界种	地下型
21	狼 *Canis lupus*	广布种	地面型
22	赤狐 *Vulpes vulpes*	广布种	地面型
23	豺 *Cuon alpinus*	广布种	地面型
24	青鼬 *Martes flavigula*	古北界种	树栖型
25	黄鼬 *Mustela sibirica*	广布种	地面型
26	黄腹鼬 *Mustela kathiah*	东洋界种	半地下型
27	鼬獾 *Melogale moschata*	东洋界种	半地下型
28	狗獾 *Meles meles*	广布种	半地下型
29	猪獾 *Arctonyx collaris*	古北界种	半地下型
30	水獭 *Lutra lutra*	广布种	半水栖型
31	大灵猫 *Viverra zibetha*	东洋界种	半树栖型
32	小灵猫 *Viverricula indica*	东洋界种	半树栖型
33	花面狸 *Paguma larvata*	东洋界种	半树栖型
34	豹猫 *Felis bengalensis*	广布种	半树栖型
35	云豹 *Neofelis nebulosa*	东洋界种	地面型
36	野猪 *Sus scrofa*	广布种	地面型
37	獐 *Hydropotes inermis*	东洋界种	地面型
38	小麂 *Muntiacus reevesi*	东洋界种	地面型
39	毛冠鹿 *Elaphodus cephalophus*	东洋界种	地面型
40	鬣羚 *Capricornis sumatraensis*	东洋界种	地面型

庐山哺乳动物区系组成同样以东洋界种类占明显优势，并具有南北物种相互渗透的特征。其中，东洋界种类有 24 种，古北界种类有 4 种，广布种有 12 种。

庐山哺乳动物共有7类生态类型，其中地面型（10种）和半地下型（16种）最多，半水栖型（1种）最少。

（六）昆虫类

庐山已记录昆虫类动物主要包括15目，并且年际波动性较强（表7-7）。昆虫资源丰富，包括珍稀昆虫、天敌昆虫、药用昆虫、食用昆虫和观赏昆虫等。其中，珍稀昆虫隶属于2目6科16属16种（表7-8），天敌昆虫隶属于8目38科195属306种。

表7-7　庐山自然保护区昆虫类物种组成的变化

昆虫类	2006年		2007年		2008年		2009年		2010年		2011年	
	物种数	个体数	物种数	个体数	物种数	个体数	物种数	个体数	物种数	个体数	物种数	个体数
蜻蜓目	20	72	18	69	19	68	15	105	9	58	6	56
鳞翅目	28	251	28	339	20	260	26	406	18	229	19	516
双翅目	17	83	13	76	7	52	7	57	6	68	11	107
竹节虫目	3	24	3	20	2	13	3	30	1	3	3	15
螳螂目	3	35	3	32	2	18	1	9	1	1	0	0
直翅目	14	132	15	124	11	105	12	171	3	99	6	74
同翅目	7	36	7	35	5	27	5	110	3	65	3	73
半翅目	20	111	21	86	10	75	17	106	15	123	16	99
鞘翅目	42	350	35	347	47	387	43	390	41	282	24	221
脉翅目	3	18	3	11	1	4	1	2	0	0	0	0
蜚蠊目	3	15	3	12	3	11	2	9	0	0	1	1
革翅目	3	14	1	6	2	3	2	17	3	4	3	38
膜翅目	25	131	23	110	15	72	13	122	6	43	13	77
䗛翅目	3	10	3	7	3	4	2	5	2	3	1	2
广翅目	2	2	2	3	1	4	1	1	0	0	0	0
合计	193	1284	178	1277	148	1103	150	1540	108	978	106	1279

表7-8　庐山自然保护区珍稀昆虫物种组成

序号	物种名称	栖息地
1	赤条绿山蟌 *Sinolestes edita*	常绿阔叶林溪水旁
2	莱斯绿综蟌 *Megalestes riccii*	常绿阔叶林溪水旁
3	丽眼斑螳 *Creobroter gemmata*	常绿阔叶林
4	中华虎凤蝶 *Luehdorfia chinensis*	林缘地带
5	宽尾凤蝶 *Agehana elwesi*	深山密林

续表

序号	物种名称	栖息地
6	金裳凤蝶 *Troides aeacus*	林间阴地
7	妹美凤蝶 *Papilio macilentus*	常绿-落叶阔叶林
8	金斑剑凤蝶 *Pazala alebion*	高山密林
9	银白蛱蝶 *Helcyra subalba*	常绿-落叶阔叶林
10	迷蛱蝶 *Mimathyma chevana*	常绿阔叶林
11	大紫蛱蝶 *Sasakia charonda*	阔叶林
12	电蛱蝶 *Dichorragia nesimachus*	常绿阔叶林
13	银豹蛱蝶 *Childrena childreni*	常绿阔叶林
14	枯叶蛱蝶 *Kallima inachus*	河、溪旁潮湿林
15	黄铜翠蛱蝶 *Euthalia nara*	常绿阔叶林
16	绿伞弄蝶 *Bibasis striata*	常绿阔叶林

（七）其他类

除上述类型动物以外，庐山还有丰富多样的底栖无脊椎动物、水生昆虫、浮游动物和土壤动物等，可以为大月山水库、芦林湖、如琴湖、黄龙潭、五龙潭、将军河水库等水体水质评价以及森林生态系统和土壤质量评估提供丰富的信息。

第二节　动物地理野外实习内容

庐山地区动物地理实习重点对与人类关系比较密切并能明显地反映地理环境特征的土壤动物和鸟类两大类群加以介绍，使学生掌握动物地理野外调查的基本内容和方法，了解庐山地区土壤动物和鸟类的分布状况，并加深对动物与环境相互关系的认识。

一、实习目的与要求

（一）实习目的

动物地理野外实习既是动物地理学课程不可或缺的实践教学部分，又是自然地理学野外实习的重要组成部分之一。庐山地区动物地理野外实习的目的是将课堂理论与野外实际相联系，培养学生发现、分析和解决问题的能力，并且培养学生野外工作的基本方法和技能。

（二）实习要求

（1）运用课堂上所学的理论知识，进一步了解动物与环境之间的关系，掌握动物的分布规律。

（2）通过野外实习，初步掌握动物地理学的野外调查方法和基本技能，为从事教学和科研奠定基础。

（3）学会通过实地调查的结果，进行资料整理、数量统计，掌握撰写调查报告的能力。

二、实习方法与工具

（一）实习方法

1. 鸟类野外调查方法

以每小时遇见率（或每千米遇见个体数）来反映一个调查区或一个生境中鸟类的相对数量，适用于不同生境（或地区）鸟类数量的对比研究。统计要在鸟类活动最强的时刻进行，以日出后 2h 为宜，同时要选择晴朗、无风的天气，因为阴雨和大风都会影响鸟类的正常活动，影响统计效果。

2. 土壤动物野外调查方法

在不同生境中设置样地，调查大型和中小型土壤动物，经过鉴定和统计，进行不同生境土壤动物群落结构的对比研究。

（二）实习工具

动物地理野外实习工具分为鸟类调查和土壤动物调查两类。其中，鸟类实习工具，主要包括望远镜和记录表。土壤动物实习工具又分为大型土壤动物调查、中小型土壤动物调查和土壤动物鉴定三类工具。大型土壤动物调查工具，主要包括：铁锹、小铁铲、切土刀、剪枝剪、锄头、钢卷尺、塑料袋、纸绳、标签、塑料台布、镊子、标本瓶、75%～80%酒精、笔记本、记录笔、铅笔；中小型土壤动物调查工具，主要包括：钢卷尺、铁锹、小锤、土壤容重器、土壤起重器、切土刀、大小塑料袋、记录表等；土壤动物鉴定工具为显微镜。

三、实习基本内容

首先进行鸟类和土壤动物野外观察、取样、识别（包括室内土壤动物分离和鉴定）和统计，然后进行以下分析：①动物群落结构特征的变化，包括群落组成的丰富性、均匀性、多样性和优势性等；②动物群落的垂直分布，包括动物随海拔的垂直变化以及动物的垂直分层调查；③动物栖息地环境的生态-地理学分析，即地理环境（地理位置、气候、水文、地质、地貌、植被与土壤等的基本特征）的垂直变化（包括水平变化）对动物群落组成、数量、密度、优势种和常见种分布的影响。

（一）庐山地区鸟类群落调查

1. 路线调查鸟类种类

根据庐山典型生境的分布状况，确定调查路线，并在每条路线上设置典型观测点，进行鸟类调查。调查路线应尽量均匀地分布于调查区内，并尽可能穿过所有生境。庐山鸟类调查路线主要有两条：①路线 1（早上 6:00～8:00），牯岭镇—如琴湖，主要调查山地居民点（街心公园）、灌丛（花径）、落叶阔叶林（圆佛殿）鸟类；②路线 2（早上 6:00～8:00），牯岭镇—庐山大厦，主要调查山顶松树林（月照松林）、山谷落叶阔叶林（庐山大厦）鸟类。

在野外通常是借助望远镜来观察识别鸟类。通过望远镜观察鸟类的大小、形态、羽色（表 7-9），也可通过鸟类的叫声、生态习性来判断其种类（附录Ⅳ）。

在调查中，要注意以下事项：①服装对鸟类野外调查有一定的影响，因为鸟类视觉灵敏，红色和白色最易被其发现，为了避免惊飞鸟类，切记不要穿颜色鲜艳的衣服，穿草绿色或棕色衣服最容易接近目标；观察鸟类通常在清晨进行；野外露水大，因此以穿轻便的运动鞋为宜。②观察的人数不宜太多，一般不宜超过 10 人，因为人数太多，其行动和声音不可避免地会惊扰动物。③观察时要保持安静，走路要紧聚在一起，不要排成一列长队，更不要跑到老师的前面。④观察时要注意力集中，详细、随时地做好观察记录。野外调查的效果如何，在很大程度上取决于观察者的行动秩序及其注意力和警觉性。⑤在其他实习期间随身携带望远镜，以便随时观察和认识鸟类并进行验证。

表 7-9　野外鉴别鸟类的基本特征表

观察项目	衡量标准	鸟的种类
体形大小	大小如麻雀	大山雀、金翅、鸦雀
	大小如画眉	画眉、八哥、椋鸟、鸫
	大小如喜鹊	灰喜鹊、红嘴蓝鹊、灰树鹊、乌鸦
尾形嘴形	长尾	喜鹊、红嘴蓝鹊、灰喜鹊、寿带
	尾分叉	家燕、金腰燕、雨燕、鸢、燕鸥
	长嘴	鹭、啄木鸟、翠鸟、沙锥
	嘴短宽三角形	燕子、雨燕、鹟、夜鹰

续表

观察项目	衡量标准	鸟的种类
羽色	黑色	乌鸦、黑卷尾、乌鸫
	黑白两色	喜鹊、家燕、八哥、大山雀、白鹡鸰、白腰雨燕、黑鹎
	黄绿色为主	绣眼、黄腹灰鹡鸰、柳莺、红嘴相思鸟
	褐色或棕色为主	画眉、伯劳、斑鸠、斑鸫、树莺
	灰色	杜鹃、灰卷尾、普通䴓、灰喜鹊

2. 分生境记录和统计鸟类种类和数量

每次统计时间以 1.5 h 为宜，统计时需携带望远镜、计时器（手表）、铅笔和笔记本等。统计行走速度为 3 km/h 左右，记录和识别鸟类时的停顿时间，需要扣除掉。在鸟类种类很多的地区，统计行走的速度要适当放慢。统计宽度在森林地区为 50 m 左右，开阔景观可放宽到 100 m。另外，统计宽度可因不同鸟类而有所差别，鸣叫响亮的鸟类和大型鸟类，统计宽度可大一些。为保证统计的准确性，一般同一条线路要重复统计 3～4 次。

鸟类野外调查结束后，便可进行统计整理，计算出各生境所统计到的种类数和个体数，并通过表中横行总计数及其占全捕量的百分比，求出该地区鸟类的优势种、常见种和稀有种。个体数占统计全捕量 10%以上的为优势种（+++），1%～10%为常见种（++），小于 1%为稀有种（+）；也可用单位时间的遇见率来表示，每小时遇见 10 只以上为优势种，1～10 只为常见种，少于 1 只为稀有种（表 7-10）。

表 7-10　庐山地区鸟类路线统计表（样表）

	生境	居民点	混交林	林缘灌丛	针叶林	总计	点个体总数/%	等级
日期：	时间	6:30～6:50	6:50～7:20	7:20～8:00	8:00～8:20			
	物种 1	4				4	8	++
	物种 2	5				5	10	++
地点：	物种 3	6	7	2		15	30	+++
	物种 4				2	2	4	++
	物种 5		4			4	8	++
天气：	物种 6				2	2	4	++
	物种 7			2		2	4	++
	物种 8	4	8	4		16	32	+++
生境：	……							
	合计	19	19	8	4	50		

这种表格是鸟类地理学野外调查的重要成果，它不仅反映了鸟类分布的地域特征，同时也是鸟类区系研究、资源鸟类的保护与利用研究等的基础资料，对鸟类生态学研究也有相当重要的意义。

（二）庐山地区土壤动物群落调查

1. 土壤动物调查与鉴别

1）大型土壤动物调查

大型土壤动物是指土壤中肉眼能看到的动物，如蚯蚓、蜈蚣、马陆、鼠妇、昆虫幼虫、蜘蛛等。

（1）样地确定

根据调查目的选择不同生境进行取样。如果是森林，首先注意乔木和林下植物比较典型的地段，避免斜坡、洼地、小丘等，切忌选在岩石、倒木、树根、蚁窝附近。选好样方后不要在上面走动。首先记载样地和样方植物，尽量记下乔木层、灌木层、草本层的种类覆盖度、树高、树龄、凋落物等；然后再记载调查日期、时间、天气、温度、周围环境等。如果现场鉴定不出植物名，可以把植物的枝、叶或花带回再做进一步鉴定（表 7-11）。

表 7-11　庐山地区土壤动物调查野外记录表

<table>
<tr><td colspan="3">样地号：</td><td colspan="3">采样时间：</td><td colspan="7">样地面积：　　cm ×　　cm</td></tr>
<tr><td colspan="3">生境类型：</td><td colspan="3">地貌：</td><td colspan="3">海拔/m：</td><td colspan="2">天气：</td><td colspan="2">气温/℃：</td></tr>
<tr><td colspan="13">植被（各层主要类型、覆盖度及透光情况）：</td></tr>
<tr><td colspan="6">枯枝落叶层厚度/cm：</td><td colspan="7">凋落物类型：</td></tr>
<tr><td colspan="13">土壤名称：</td></tr>
<tr><td>层次</td><td>剖面深度</td><td>颜色</td><td>质地</td><td>结构</td><td>松紧度</td><td>孔隙度</td><td>根系</td><td>pH</td><td>土温/℃</td><td>土壤湿度</td><td>动物穴</td><td>新生体</td></tr>
<tr><td></td><td></td><td></td><td></td><td></td><td></td><td></td><td></td><td></td><td></td><td></td><td></td><td></td></tr>
<tr><td colspan="13">备注：</td></tr>
</table>

（2）样方设置和土样采集

在同一样地内，为保证资料的可靠性，一般要选 2～5 个 30 cm×30 cm 正方形样方。样方用钢卷尺量好后，再用切土刀或铁锹、铁铲将四边切出。首先量出凋落物层厚度并轻轻将凋落物层装入袋中，标签为 A00 层；然后每隔 5 cm 土深取一层土，通常挖 20 cm 分 4 层分袋装入塑料袋内，每层标签分别为 0～5 cm、5～10 cm、10～15 cm、15～20 cm。如果遇到大石头、树根、蚂蚁窝应该换个地方重新取样。取样量应注意精确，这是影响调查结果准确性的重要环节。

（3）土壤动物拾取

在林间明亮的空间、道路上拾取，若离住处较近也可带回住处拾取动物。首先把镊子、酒精、白色塑料台布准备好，然后从土袋中取少量土放到塑料台布上，立即将土中肉眼能看到的所有动物成虫、幼虫、蛹等拣出放入标本瓶内，瓶内应有与所拣土袋标签一致的标签，确认土中动物已全部拣完可将这部分土倒掉，再继续取另一些土。切忌将整袋土全部倒出，以免大型运动快的蜘蛛、蚂蚁等来不及拣就跑掉。每袋土都要以同样精度进行，否则失去可比性。标本瓶中标签号用铅笔写在硫酸绘图纸上。

（4）土壤动物识别

野外对照检索图表（附录Ⅴ）进行识别，或带回实验室在显微镜下识别。

（5）标签编号格式

野外采用“采样年月-地点-生境-层次-手拣”的标签格式进行编号，如“97.9-庐-阔叶林-A00-手”或“97.9-庐-混交林-A-手”。

2）中小型土壤动物调查

中小型土壤动物是指土壤中肉眼看不到的动物，主要包括微节肢动物和线虫动物等，如土壤螨虫、跳虫、双翅目幼虫、综合纲、线蚓、线虫等。

（1）样方设置和土样采集

在取大型土壤动物样方时，在其附近选择 2 个中小型土壤动物样方，选择生境条件与大型土壤动物相同，样方面积仍为 50 cm×50 cm 或 30 cm×30 cm，用 100 cm^3 土壤容重器在样方内均匀取 4 个样，其中 3 个样的土倒入塑料袋内，另 1 个样连同容重器盖好盖子装入同一袋内，同时投入标签。每隔 5 cm 为 1 层，分别取 4 层，共 16 个土样，带回实验室进行中小型土壤动物的分离和鉴定以及土壤性质的测定。

（2）土壤动物干漏斗法分离和显微镜鉴别

每层 4 个样品中的 3 个用干漏斗法进行干生土壤动物的分离。干漏斗分离器的原理是利用动物本身的运动，从土壤中把动物驱逐出来集中到一起，习惯上称为“干漏斗”。它的构造比较简单，用三脚架固定一个圆形容器，其底为金属网，网下安装一个漏斗，漏斗下放置接收器，内盛 75%～80%的酒精，容器上方为半圆形的伞，伞中央安装一个灯泡（图 7-1）。操作方法：采回的土壤材料应尽快进行分离，最迟不能超过两周。装料容器放在漏斗架上后，立即在漏斗颈下放一个内盛约 80%酒精的接收瓶。注意漏斗嘴不要接触酒精。每个接收瓶放一个号签。这时可打开电灯进行提取分离，并记载开灯时间。提取时间长短取决于分离器的种类、大小，土壤材料的性质、水分含量和室温等。这种中型干漏斗分离器，一般需开灯 24 h。分离后的土壤动物用高倍体视显微镜进行分类鉴别和数量统计（附录Ⅴ）。

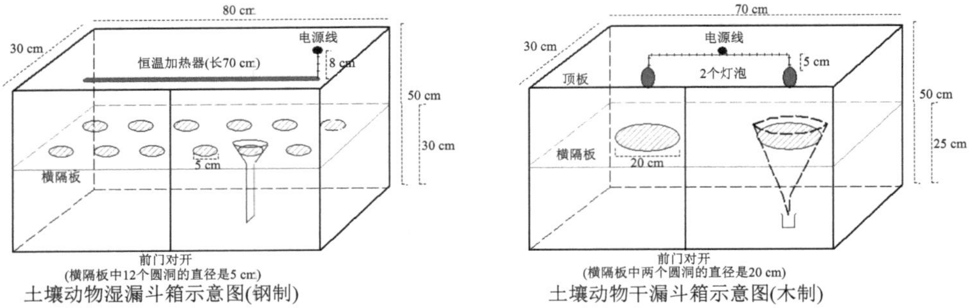

图 7-1　中小型土壤动物分离器

（3）土壤动物湿漏斗法分离和显微镜鉴别

每层另 1 个样品用于测量土壤养分、pH、容重等，并用其 1/4 土样采用湿漏斗法进行湿生土壤动物的分离。湿漏斗法常用的是直径 7～10 cm 左右的玻璃漏斗或塑料漏斗，漏斗颈端安装 12～13 cm 长的胶皮管，管端两处用弹簧夹夹住，漏斗上平铺一细网纱（图 7-1）。操作方法：放土壤材料之前，先夹紧胶管上的弹簧夹。各漏斗装满水后插在漏斗架上。然后把土壤材料铺在纱网上放在漏斗里。这时可关上箱盖开灯进行分离提取。分离时间为 24～48 h。进行中，如果发现漏斗中水有减少，应立即填满，防止土壤材料干燥影响分离效果。结束时，先把胶管上边的弹簧夹放松一次再夹紧，这时，在水中沉淀的小动物就集中到两个弹簧夹中间，然后在胶管下放一培养皿，打开下面弹簧夹接取分离出来的土壤动物，在双筒体视显微镜下进行鉴别和数量统计（附录Ⅴ）。

（4）标签编号原则

与大型土壤动物标签编号统一起来，并注明中小型土壤动物及其层次。

2. 分生境记录和统计土壤动物种类和数量

土壤动物野外调查和实验室分离结束后，便可进行统计整理，计算出各生境所调查到的种类数和个体数，并通过表中横行总计数及其占全捕量的百分比，计算出该生境土壤动物的优势类群（个体数占该生境总个体数 10%以上，+++）、常见类群（个体数占该生境总个体数 1%～10%，++）和稀有类群（个体数占该生境总个体数小于 1%，+）（同表 7-10）。这种表格是土壤动物野外调查的重要成果，反映了土壤动物分布的地域特征，对土壤动物生态地理学研究具有相当重要的意义。

（三）庐山地区动物群落结构统计分析

在完成庐山鸟类和土壤动物野外观察、取样、鉴别和统计后，需要继续进行分析。

一般采用 Shannon-Wiener 多样性指数 H[式（7-1）]、Pielou 均匀性指数 E[式（7-2）]、Simpson 优势度指数 C[式（7-3）]统计分析鸟类和土壤动物群落结构特征。具体计算公式如下：

$$H = -\sum\left(p_i \log_2 p_i\right) \tag{7-1}$$

式中，H 为多样性指数；$p_i = n_i / N$，n_i 为每一类群的个体数，N 为群落个体数。

$$E = \frac{H}{H_{\max}} = \frac{H}{\log_2 S} \tag{7-2}$$

式中，E 为均匀性指数；$H_{\max} = -S\left(\frac{1}{S}\log_2\frac{1}{S}\right) = \log_2 S$，$H_{\max}$ 为在最大均匀性条件下类群的多样性指数；S 为群落类群数。

$$C = \sum(n_i / N)^2 \tag{7-3}$$

式中，C 为优势度指数；其他符号意义同上。

四、代表性观测点

1. 街心公园

（1）观测类型：居民点鸟类群落特征。

（2）生境特征：位于牯牛岭西北坡，海拔约 1050 m，阴坡。地带性植被类型为落叶阔叶林，但由于长期受城镇建设的影响，已成稀疏的人工植被，优势物种有悬铃木、银杏、柳杉、冷杉、紫荆、紫薇、紫藤等。

2. 花径

（1）观测类型：灌丛鸟类群落特征。

（2）生境特征：位于西谷中部，海拔约 1000 m，阴坡，主要植物物种有海棠、山樱花、蜡瓣花、桃、杏、火棘、鸡爪槭、杜鹃等。

3. 圆佛殿

（1）观测类型：落叶阔叶林鸟类群落特征。

（2）生境特征：位于虎背岭，海拔约 920 m，阳坡，主要植物物种有黄山松、水杉、扁柏、短柄枹栎、杜鹃等。

4. 月照松林

（1）观测类型：黄山森林鸟类群落特征。

（2）生境特征：位于牯牛岭山脊，海拔 1080 m，阳坡。地带性植被类型为落叶阔叶林，但由于长期受人类活动的影响，已演替成黄山松林。

5. 庐山大厦

（1）观测类型：落叶阔叶林鸟类群落特征。
（2）生境特征：位于东谷，海拔约 1000 m，阳坡，主要植物物种以庐山椴、四照花、蜡瓣花、灯台树、朴树、锥栗、茅栗、短柄枹栎等落叶阔叶树为主。

6. 白鹿洞

（1）观测类型：常绿阔叶林土壤动物群落特征。
（2）生境特征：位于白鹿洞附近的山麓地带，海拔约 180 m，阳坡。地带性植被类型为常绿阔叶林，优势物种有檵木、青冈、次生马尾松。地带性土壤类型为红壤。

7. 黄龙寺

（1）观测类型：落叶常绿阔叶混交林土壤动物群落特征。
（2）生境特征：位于东谷，海拔约 900 m，阴坡。地带性植被类型为落叶阔叶常绿阔叶混交林，优势物种为小叶青冈、青冈栎、阴香等，人工林有柳杉、杉木。地带性土壤类型为山地黄壤。

8. 阳明路

（1）观测类型：落叶常绿阔叶混交林土壤动物群落特征。
（2）生境特征：位于虎背岭，海拔约 950 m，阴坡。地带性植被类型为落叶常绿阔叶混交林，优势物种为青冈栎、香叶树、栎树、甜槠、檵木、老鼠矢等。地带性土壤类型为山地黄棕壤。

9. 大月山

（1）观测类型：落叶阔叶林土壤动物群落特征。
（2）生境特征：位于大月山西北侧，海拔 1300 m 左右，阴坡。地带性植被类型为落叶阔叶林，优势物种为山檀、灯台树、山矾、四照花等，人工林有扁柏、柳杉以及退化的黄山松林。地带性土壤类型为山地棕壤。

第三节　动物地理野外实习总结

经过庐山地区动物地理野外实习的训练，获得了大量野外实习工作的第一手资料，通过分析和总结这些资料，能够真正把握动物地理理论知识的丰富内涵，深刻理解动物地理研究的理论与实践意义。

一、实习汇报建议选题

（1）庐山地区不同生态类型中鸟类群落及其垂直分层特征。

（2）庐山地区不同生态类型中土壤动物群落及其垂直分布特征。

二、实习分报告建议提纲

动物地理野外实习结束，建议撰写动物地理实习分报告。该报告是动物地理野外实习内容图文并茂的全面分析以及成果展示。报告的内容一般应包括如下几个方面。

前言

主要包括调查时间、地点、地理位置、自然环境、调查目的与意义、调查方法等。

第一章 鸟类调查结果

主要包括鸟类种数，隶属于多少门、纲、目或科、属，可列表表示；统计出每个类群的数量，指出优势种、常见种和稀有种。

第二章 土壤动物调查结果

主要包括土壤种数，隶属于多少门、纲、目或科、属，可列表表示；统计出每个类群的数量，指出优势种、常见种和稀有种。

第三章 动物群落结构分析

主要包括①水平分布：比较不同生态类型中动物的种类组成、个体数、密度、多样性、优势性、均匀性等指标的差异，比较不同生态类型中优势类群和常见类群的异同处；分析这些差异与植被类型多样性、土壤理化性质、地貌类型、人类活动等的关系。②垂直分布：按照不同海拔高度的植被和土壤类型的垂直变化，分析动物组成、数量、多样性等的变化；也可以分析鸟类（乔木层、灌木层、地面层）或土壤动物（土壤剖面）垂直分层特征。

第四章 结论

主要包括鸟类和土壤动物调查与分析的主要结论。

参考文献

主要包括实习报告撰写过程中所引用的书籍、论文、报刊、网页等资料。

思考题

1. 庐山地区有哪些主要的动物?

2. 庐山动物与自然环境之间的关系。

3. 鸟类野外调查的方法。

4. 土壤动物野外调查的方法。

5. 对比分析庐山地区居民点、针叶林、灌丛和落叶阔叶林的鸟类群落基本特征。

6. 对比分析庐山地区常绿阔叶林、落叶阔叶林、常绿落叶阔叶混交林下的土壤动物群落基本特征。

7. 王振中等的调查结果表明，庐山人工针叶林土壤动物种类和密度随海拔的升高而增加，如何理解?

8. 汪权方等的调查结果表明，庐山生境条件越优越，土壤动物的种类越丰富（如混交林和黄山松林）；土壤动物群落的物种丰富度越大、个体数量分布越均匀，群落多样性越高；生境条件较差的灌草丛与柳杉林土壤动物最相似，生境条件差异性大的混交林与灌草丛土壤动物最不相似，如何理解?

9. 王海燕等的调查结果表明，庐山土壤动物个体密度与A层土壤养分含量，类群数与O层厚度关系密切；土壤动物优势类群在不同腐殖质组型土层中广泛分布，而常见类群和稀有类群则分别与腐殖质组型中的OH层厚度、OL层厚度关系密切，如何理解?

参 考 文 献

陈旭, 袁训来, 2013. 地层学与古生物学研究生华南野外实习指南[M]. 合肥: 中国科学技术大学出版社.

程久苗, 王宗英, 刘付程, 等, 2000. 庐山自然地理野外实习模式与内容的改革初探[J]. 安徽师范大学学报(自然科学版), 23(4): 383-385.

范可章, 王荣, 陈灵, 等, 2012. 江西庐山景区近年来昆虫种群多样性动态研究[J]. 阜阳师范学院学报(自然科学版), 29(3): 37-43.

韩志勇, 李徐生, 张兆干, 等, 2010. 鄱阳湖湖滨沙山垄状地形的成因[J]. 地理学报, 65(3): 331-338.

何凤仙, 2000. 植物学实验[M]. 北京: 高等教育出版社.

胡春生, 苗雨青, 吴立, 2017. 庐山河谷地貌野外实习线路设计与教学模式选择[J]. 地理教学, (15): 45-47.

黄亮亮, 吴志强, 胡茂林, 等, 2008. 江西省庐山自然保护区鱼类物种多样性[J]. 南昌大学学报(理科版), 32(2): 161-164.

江源, 康慕谊, 黄永梅, 等, 2020. 植物地理学[M]. 5 版. 北京: 高等教育出版社.

居翔汉, 徐正法, 1986. 日本柳杉、日本扁柏生长情况的调查研究[J]. 林业科技通讯, (12): 18-21.

李竹云, 杨道德, 王琅, 等, 2007. 江西庐山自然保护区兽类资源多样性及评价[J]. 江西农业学报, 19(6): 105-108.

廖亮, 万慧霖, 2013. 庐山植物野外实习手册: 全彩版[M]. 北京: 科学出版社.

刘鸿雁, 2004. 浅谈面向学科发展和国家建设的植物地理学教学改革[C]//中国地理学会自然地理专业委员会. "土地变化科学与生态建设"学术研讨会论文集. 北京: 北京大学环境学院: 5.

刘新圣, 孙叶根, 汪青, 等, 2024. 庐山植物地理学野外实习的教学设计与思考[J]. 安徽师范大学学报(自然科学版), 47(1): 63-68.

刘信中, 王琅, 2010. 江西省庐山自然保护区生物多样性考察与研究[M]. 北京: 科学出版社.

罗盛金, 孔凡前, 许仕, 等, 2012. 庐山鸟类多样性及季节动态分析[J]. 四川动物, 31(1): 152-157.

马丹炜, 2012. 植物地理学[M]. 2 版. 北京: 科学出版社.

南京大学庐山实习队, 2016. 庐山典型地理现象图集[M]. 南京: 东南大学出版社.

邱宁芳, 王冠, 丁冬荪, 2007. 庐山自然保护区昆虫资源的保护与利用[J]. 江西林业科技, 35(6): 76-80.

任升莲, 2015. 庐山地理与地质综合实习教程[M]. 合肥: 中国科学技术大学出版社.

施雅风, 崔之久, 李吉均, 等, 1989. 中国东部第四纪冰川与环境问题[M]. 北京: 科学出版社.

孙鸿烈, 2017. 地学大辞典[M]. 北京: 科学出版社.

万慧霖, 2008. 庐山森林生态系统植物多样性及其分布格局[D]. 北京: 北京林业大学.

万慧霖, 冯宗炜, 2008. 庐山常绿阔叶林物种组成及其演替趋势[J]. 生态学报, 28(3): 1147-1157.

汪权方, 王宗英, 2003. 庐山土壤动物群落结构研究[J]. 安徽师范大学学报(自然科学版), 26(2): 180-185.

王海燕, 朱永恒, 毛文权, 等, 2021. 庐山山地垂直自然带土壤腐殖质与土壤动物分布特征[J]. 土壤通报, 52(3): 620-628.

王腊春, 李徐生, 陈刚, 等, 2021. 庐山地区地理学野外实习指南[M]. 2 版. 北京: 科学出版社.

王良平, 卓正大, 1989. 论黄山松林在庐山植被垂直带谱中的位置[J]. 植物生态学与地植物学学报, 13(1): 28-35.

王乃瑞, 韩志勇, 李徐生, 等, 2015. 河流纵剖面陡峭指数对庐山构造抬升的指示[J]. 地理学报, 70(9): 1516-1525.

王振中, 李忠武, 张友梅, 1998. 庐山人工针叶林土壤动物群落调查[J]. 湖南师范大学自然科学学报, 21(4): 83-88.

吴从剑, 谢国文, 2004. 庐山野生观赏植物资源多样性[J]. 山地学报, 22(4): 508-512.

武吉华, 张绅, 江源, 等, 2004. 植物地理学[M]. 4 版. 北京: 高等教育出版社.

肖雯, 刘春, 汪如良, 等, 2020. 2005—2015 年庐山云海时间变化特征及气象条件分析[J]. 气象科学, 40(6): 859-867.

徐爱国, 张维理, 李荣, 等. 2023. 第三次全国土壤普查土壤类型名称校准技术规范[M]. 国务院第三次全国土壤普查领导小组办公室.

杨道德, 谷颖乐, 刘松, 等, 2007. 江西庐山自然保护区两栖动物资源调查与评价[J]. 四川动物, 26(2): 362-365.

杨道德, 刘松, 谷颖乐, 等, 2007. 江西庐山自然保护区爬行动物多样性调查与分析[J]. 中南林业科技大学学报, 27(6): 72-76.

曾克峰, 刘超, 张志, 2006. 江西星子一庐山综合地理实习指导书[M]. 武汉: 中国地质大学出版社.

张根寿, 林爱文, 王新生, 等, 2004. 庐山地理调查[M]. 武汉: 武汉大学出版社.

赵井东, 王杰, 杨晓辉, 2019. 中国东部(105° E 以东)第四纪冰川研究回顾、进展及展望[J]. 冰川冻土, 41(1): 75-92.

赵玉国, 吴华勇, 张甘霖, 等. 2023. 第三次全国土壤普查外业调查与采样技术规范[M]. 修订版. 北京: 国务院第三次全国土壤普查领导小组办公室.

中国科学院地质研究所, 中国科学院古生物研究所, 1985. 中国古地理图集[M]. 北京: 地图出版社.

中央气象局, 1979. 中华人民共和国气候图集[M]. 北京: 地图出版社.

周兴文, 1999. 庐山植被研究[J]. 沈阳教育学院学报, 1(2): 111-114.

朱诚, 2000. 华东山地第四纪沉积环境研究[M]. 南京: 南京大学出版社.
朱鹤健, 陈健飞, 陈松林, 2019. 土壤地理学[M]. 3 版. 北京: 高等教育出版社.
朱永恒, 程久苗, 2008. 庐山地区自然地理野外实习指导[M]. 合肥: 安徽人民出版社.
Han Z Y, Pan R X, Li X S, et al., 2021. Burial ages imply Miocene uplift of Lu mountain in East China due to crustal shortening[J]. Frontiers in Earth Science, 9: 634105.

附录Ⅰ　植物外部形态识别方法

一、叶

1. 叶质

叶质指叶片的厚薄、软硬等质地，常见叶质有以下几种类型。

（1）革质：叶片质地坚韧较厚，似皮革，如广玉兰、石楠等。

（2）肉质：叶片质地较厚而多汁，如马齿苋、芦荟等。

（3）纸质：叶片质地柔韧而较薄，如山橿、白檀等。

2. 叶序

叶序指叶在茎或枝条上的排列方式，常见叶序有以下几种类型（图Ⅰ-1）。

（1）互生：茎每节上只生长一片叶，如樟树、灯台树等。

（2）对生：茎每节上相对地生长两片叶，如水杉、四照花等。

（3）轮生：茎枝每节上轮生三片或以上的叶，如夹竹桃、拉拉藤等。

（4）簇生：在节间极短的短枝上簇状生长两片或以上的叶，如银杏、金钱松等。

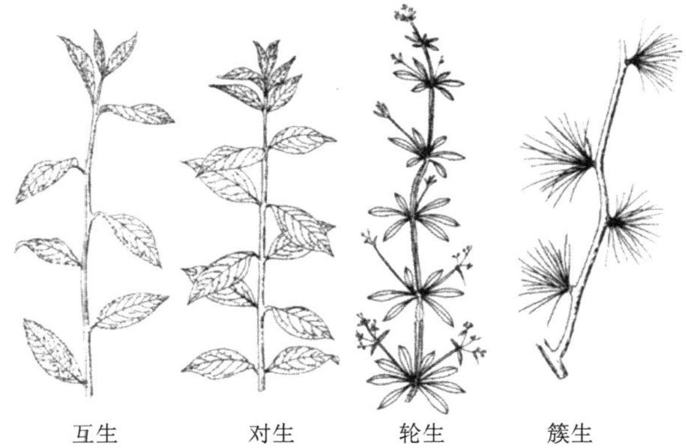

图Ⅰ-1　叶序的类型

3. 叶形

叶形指叶片的整体形状。叶形千变万化，可根据长宽比和最宽处所在位置，分为若干种基本形态（图Ⅰ-2），此外还有一些特殊形状（图Ⅰ-3）。

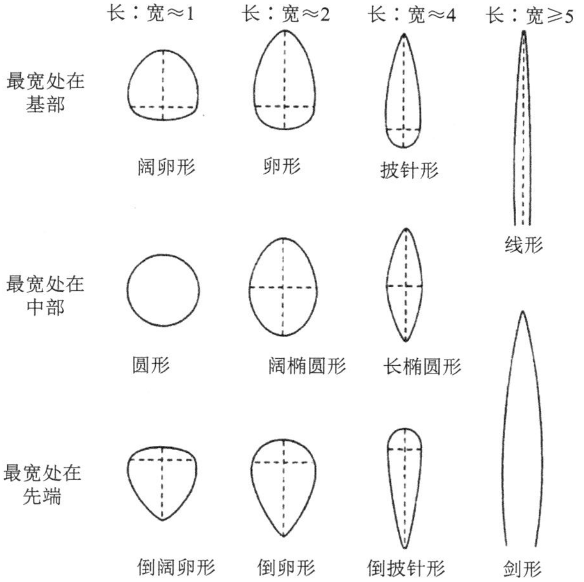

图Ⅰ-2 叶形的图解

图Ⅰ-3 叶片的形状

（1）鳞形：叶细小呈鳞片状，如侧柏。

（2）锥形：叶短狭且较硬，基部粗而先端尖，如柳杉。

（3）针形：叶细长似针，如马尾松。

（4）心形：长宽比1～2，基部宽圆而微凹，先端渐尖，形似心脏，如紫荆。

（5）肾形：叶宽大于长，基部有缺口，形似肾脏，如连香树。

（6）扇形：叶基部窄，向先端逐渐展开，形似扇，如银杏。

（7）盾形：叶片类似圆形，但叶柄着生于叶背，形似盾，如莲。

（8）箭形：叶顶端渐尖，叶基两侧呈尖状而下垂，形似箭头，如慈姑。

（9）戟形：叶片与箭形相似，但叶基两侧呈耳状，尖端向外方伸展，形似戟，如菠菜。

4. 叶尖、叶基、叶缘和叶裂

叶尖指叶片的先端，根据先端收缩程度及形态变化，常见类型有渐尖、尾尖、凸尖、微凹等，如图 I-4 所示。

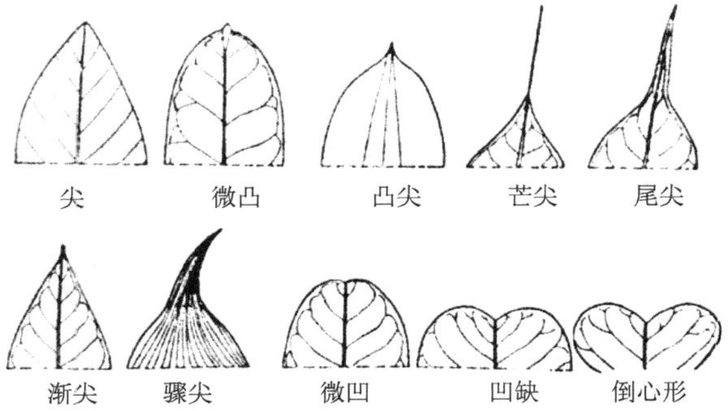

图 I -4　叶尖的类型

叶基指叶片的基部，常见类型有圆形、半圆形、楔形、心形、偏斜等，如图 I-5 所示。

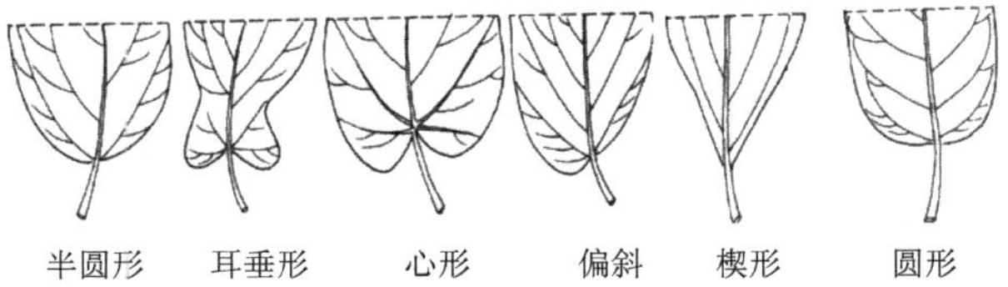

图 I -5　叶基的类型

叶缘指叶片的边缘，常见类型有全缘、波状、锯齿状、重锯齿等，如图 I-6 所示。

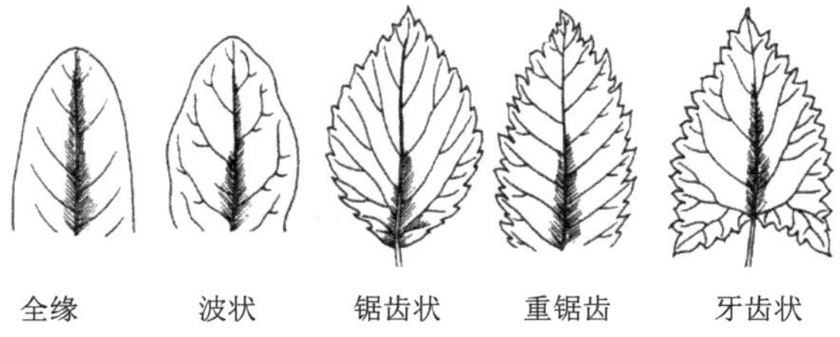

图 I -6　叶缘的形状

叶裂指叶片边缘的凹陷和裂片的组合形状。叶缘深浅与形状不一的凹陷叫缺刻，两缺刻之间的叶片部分，叫裂片。根据缺刻的深浅、裂片排列的方式不同，常见类型有浅裂、深裂、全裂，又分羽状和掌状，如图Ⅰ-7所示。

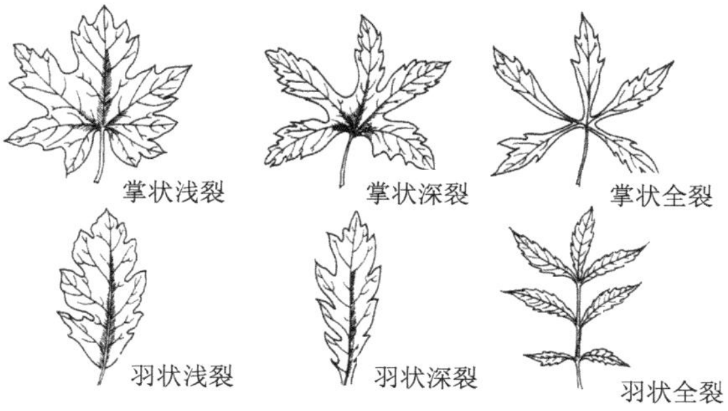

图Ⅰ-7　叶裂的类型

5. 脉序

脉序指叶脉的排列方式。依据叶脉在叶片中分布及排列情况，有网状脉和平行脉两大类，常见类型如图Ⅰ-8所示。

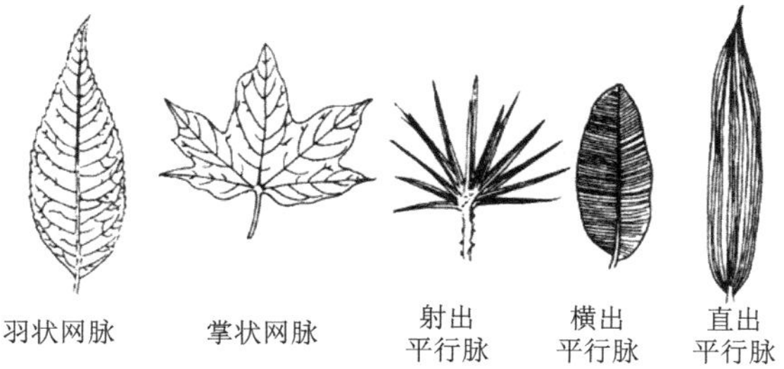

图Ⅰ-8　叶脉的类型

6. 复叶

复叶指一个叶柄上生长两个及以上叶片。常见复叶的类型有羽状复叶，又分奇数和偶数，一回、二回、三回至多回羽状复叶，还有三出复叶、掌状复叶、单身复叶等，如图Ⅰ-9所示。

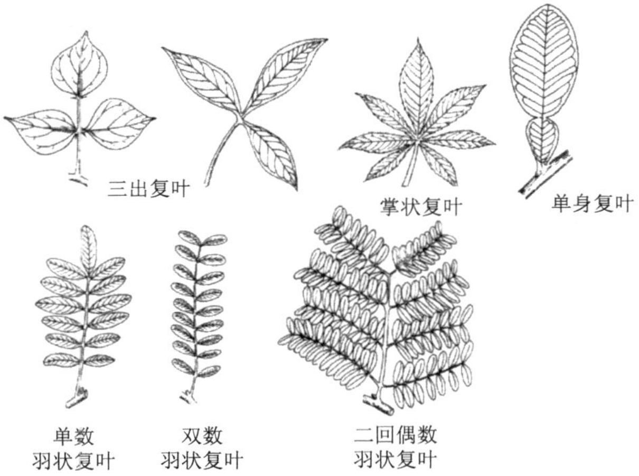

图 I -9　复叶的类型

二、花序

花序指许多花在花轴上排列的方式。根据排列方式和花开顺序，可分为无限花序和有限花序两大类。

1. 无限花序

形态上是总状分支式，在开花期间，花轴顶端继续生长，并不断产生花，花由花轴下部依次向上开放，或由边缘向中心开放，常见类型如图 I-10 所示。

（1）总状花序：花轴较长，其上着生许多花柄近等长的花，如油菜。

（2）复总状花序（又名圆锥花序）：花轴作总状分支，每一分支又形成总状花序，全形似圆锥状，故又称圆锥花序，如女贞、水稻。

（3）穗状花序：花轴较长，其上着生许多花柄极短或无柄的花，如车前。穗状花轴出现显著膨大，叫肉穗花序，基部常为若干苞片组成的总苞所包围，如玉米的雌花序；如果花序外由一片佛焰苞片包围，则称佛焰花序，如马蹄莲。

（4）柔荑花序：单性花排列于一细长的花轴上，通常下垂，花后整个花序一齐脱落，如杨、柳、桑、板栗。

（5）伞房花序：与总状花序相似，但花轴下部的花柄较长，上部的花柄依次渐短，整个花序的花几乎排在一个平面上，如梨、山楂、绣线菊。

（6）伞形花序：花轴缩短，顶端集生许多花柄近等长的花，并向四周放射排列，全形如张开的伞，如五加、葱、韭菜。几个分支长短相近的伞形花序集生于花序轴顶端者叫复伞形花序，如胡萝卜、芹菜。

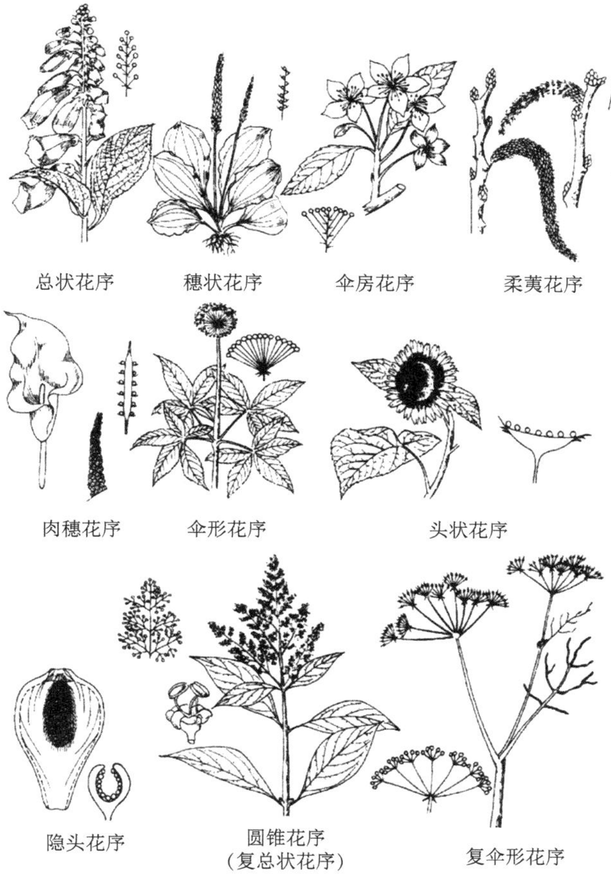

图 I-10　无限花序的类型

（7）头状花序：花轴顶端缩短膨大成头状或盘状的总花托（花序托），其上密集着生许多无柄或近于无柄的花，前者如悬铃木，后者如菊花，在盘状的花序托下，有密集的苞片形成的总苞。

（8）隐头花序：花轴肉质膨大而内陷，许多无柄的花着生在内陷的花轴壁上，如无花果、榕树。

2. 有限花序

有限花序形态上属于合轴分支式，在开花时，花轴顶端或中心的花先开，因而花轴不能继续延长，只能在顶花下方产生侧轴，侧轴顶端的花又先开，常见类型如图 I-11 所示。

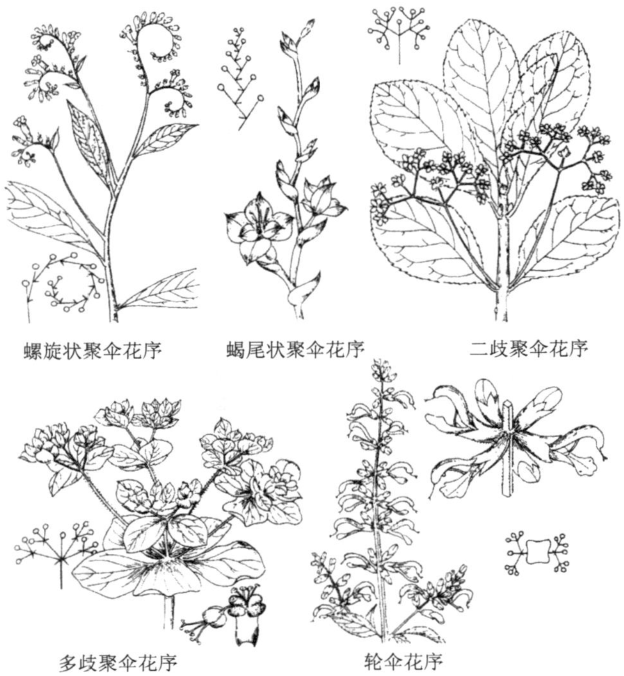

图Ⅰ-11　有限花序的类型

（1）单歧聚伞花序：花序轴顶芽首先发育成花，然后在顶花下的一个侧芽发育成侧枝，其长度超过主枝后，顶芽又形成一朵花，如此侧枝的侧芽连续地分支后，就形成单歧聚伞花序。如果花朵连续地交互左右出现，状如蝎尾，称蝎尾状聚伞花序，如唐菖蒲；如果花朵出现在同一侧，形成卷曲状，称螺旋状聚伞花序，如附地菜。

（2）二歧聚伞花序：花序轴顶芽形成一朵花后，在花下的一对侧芽同时萌发形成两个侧枝，每一侧枝继续以同样的方式分支开花；如此连续分支，形成假二叉分支式的花序，如石竹、大叶黄杨、茄。

（3）多歧聚伞花序：花序轴顶芽形成一朵花后，其下数个侧芽发育成数个侧枝，每一侧枝顶端也只形成一朵花，各侧枝再以此方式分支，如泽漆、大戟、猫眼草。

（4）轮伞花序：聚伞花序生于对生叶的叶腋中，呈轮状排列，如益母草、夏枯草。

三、花冠

根据花瓣离合、花冠筒长短、花冠裂片形状和深浅不同，可分为以下几种常见的花冠类型，如图Ⅰ-12所示。

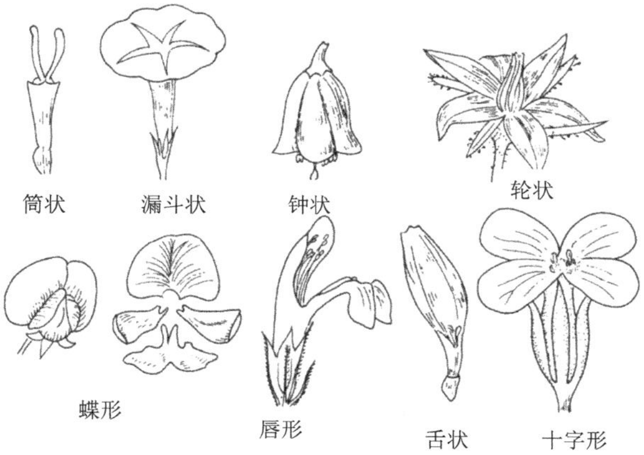

图Ⅰ-12　花冠的类型

（1）十字形：花瓣四枚分离，上部外展呈十字形，如油菜、白菜、二月兰等十字花科植物。

（2）蝶形：由五片大小不同的花瓣组成，排成蝶形，最上一片最大称旗瓣；侧面两片较小，称翼瓣，最下最内两片更小，且下缘稍合生，称龙骨瓣。这是豆科蝶形花亚科特有的花冠，如蚕豆、花生、洋槐。

（3）管状（筒状）：花冠管较长，大部分呈管状，花冠裂片向上伸展，如向日葵的盘花。

（4）舌状：花瓣五片，基部合生成一短管，上部向一侧伸展成扁平舌状，如向日葵的边花、蒲公英等菊科植物花。

（5）钟状：花冠筒阔而稍短，上部稍扩大成一钟形，如桔梗、沙参、南瓜等。

（6）漏斗状：花瓣合生，自基部向上逐渐扩大呈漏斗形，如牵牛花。

（7）轮状：花冠筒极短，裂片向四周辐射状平展，如番茄、茄子。

（8）唇形：瓣合生成二唇形，上唇常2裂，下唇3裂，如薄荷、丹参。

四、果实

根据果实来源、结构和果皮性质的不同，可分为单果、聚合果和聚花果三大类，其中单果又可分为干果和肉质果两类。

1. 干果

果实成熟时果皮干燥。如图Ⅰ-13所示，根据果皮开裂与否，又分为裂果和不裂果（闭果）两类。

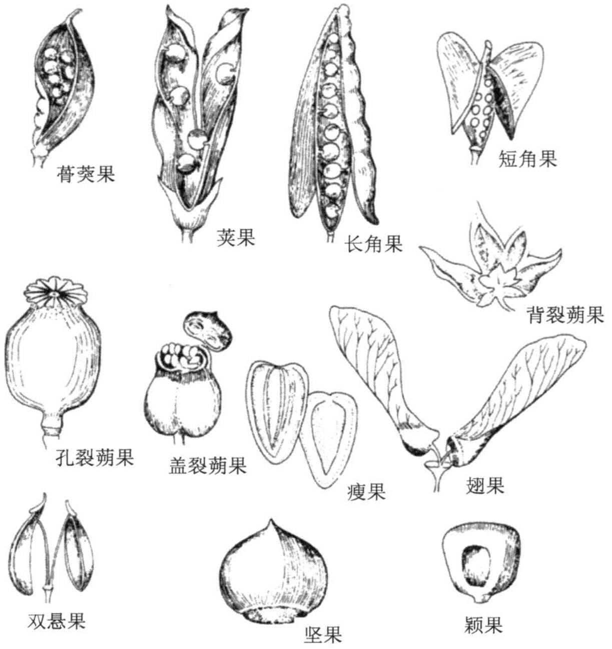

图Ⅰ-13　干果的主要类型

（1）裂果：果实成熟后果皮裂开，由于果实组成的心皮数目和开裂方式不同，又分为下列几种。

蓇葖果，由单雌蕊或离生单雌蕊发育而来的果实，成熟时只沿心皮一个缝线（背缝线或腹缝线）开裂，前者如银桦，后者如八角茴香、玉兰。

荚果，由单雌蕊发育而来的果实，成熟时沿背、腹两个缝线开裂，如豌豆、大豆；但也有成熟时不开裂的，如花生、紫荆。

角果，由两个心皮的复雌蕊发育来的果实，子房一室，由假隔膜分成假二室，成熟时，自下而上沿假隔膜开裂。角果细而长的，称长角果，如油菜、白菜；角果短而宽的，称短角果，如荠菜、独行菜；角果也有不开裂的，如萝卜。

蒴果，由复雌蕊发育而来的果实，成熟时有各种开裂方式。纵裂（瓣裂）：果皮沿果实长轴方向开裂。孔裂：从果实顶端开裂成小孔，如罂粟。盖裂：果实环状横裂，上部呈帽状脱落，如车前、马齿苋。齿裂：果实顶端呈齿状裂开，如石竹。

（2）不裂果（闭果）：果实成熟后，果皮干燥而不开裂，或分离成几个部分，但种子仍被果皮所包被，常见的不裂果有以下几种。

瘦果，果实瘦小，成熟时只含一粒种子，果皮与种皮分离。

颖果，由 2～3 个心皮组成，一室含一粒种子，果皮与种皮愈合不能分离，如小麦、玉米。

坚果，果皮坚硬，内含一粒种子，如板栗、榛。

翅果，果皮伸展成翅，如榆、槭。

胞果（囊果），由复雌蕊上位子房发育而成，果皮薄而膨胀，疏松地包围种子，极易与种子分离，如藜。

分果，由两个或多个心皮的复雌蕊子房发育而来，形成二室或数室，果实成熟时，子房室按心皮数分离成若干个含一粒种子的分果瓣。胡萝卜等伞形科植物的分果由两个心皮的下位子房发育而成，成熟时分离为两个分果瓣，悬于中央果柄的上端，常称为双悬果。

2. 肉质果

果实成熟时，果皮肉质多浆，不开裂。如图 I-14 所示，肉质果可分为以下几种。

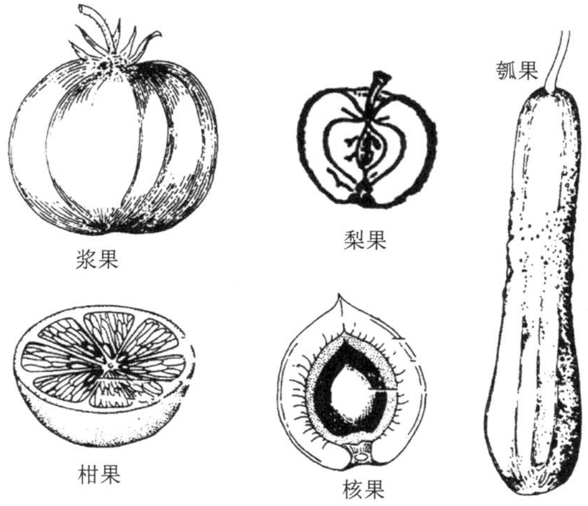

图Ⅰ-14　肉质果的主要类型

浆果，由复雌蕊上位或下位子房发育而来。外果皮薄，中果皮、内果皮和胎座均肉质多浆，含一粒至多粒种子。

核果，由单雌蕊或复雌蕊上位子房或下位子房发育而来。外果皮薄，中果皮肉质肥厚，内果皮坚硬，木质，形成一个坚硬果核，每核内通常含一粒种子，如桃、李。

柑果，由复雌蕊具中轴胎座的子房发育而来。外果皮较厚，柔韧如革，内含具挥发油的油腔；中果皮与外果皮无明显分界，或中果皮白色疏松并有很多维管束；内果皮膜质，形成若干室，向内生有许多肉质多汁的肉囊，如柑橘。

梨果，由复雌蕊下位子房和花筒愈合一起发育而来的肉质假果。花筒与外、中果皮均肉质化；内果皮革质化，常分隔成多室，中轴胎座，如梨、苹果。

瓠果，由具下位子房的复雌蕊发育而成的假果。花托与外果皮结合为坚硬的果壁，中果皮和内果皮肉质，胎座很发达，如西瓜、黄瓜等瓜类。

3. 聚合果

聚合果是由一朵花中多数离生单雌蕊和花托共同发育而成的果实。每一个雌蕊形成一个单果（小果），许多单果聚生在花托上，称聚合果。如图 I-15 所示，根据小果性质不同，可分为如下几种。

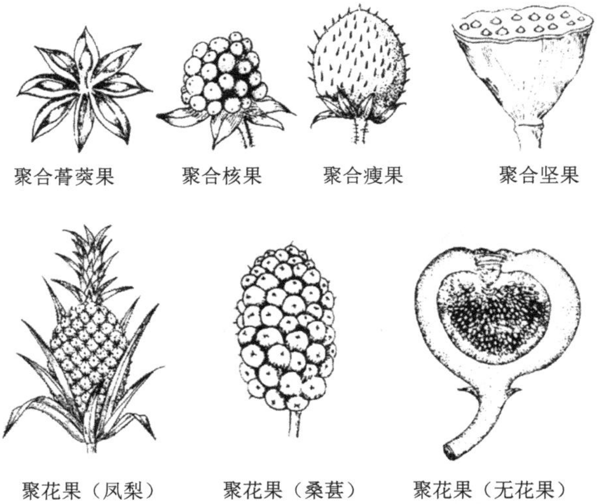

图 I -15　聚合果和聚花果的主要类型

聚合蓇葖果，如八角茴香、玉兰、珍珠梅。

聚合瘦果，多数瘦果聚生在一个膨大肉质花托上，如草莓。多数骨质瘦果，聚生在凹陷壶形花托里，如金樱子、蔷薇。

聚合坚果，如莲。

聚合核果，如悬钩子。

4. 聚花果（又称复果）

聚花果是由整个花序发育成的果实，主要类型如图 I-15 所示。桑葚由整个雌花序发育而成，每朵花的子房各发育成一个小瘦果，包藏在肥厚多汁的肉质花被中。无花果是多数小瘦果包藏于肉质凹陷的囊状花轴内形成的一种复果。凤梨（菠萝）由很多花长在肉质花轴上一起发育而成，花不孕，肉质可食用部分是花序轴。

附录Ⅱ　壳斗科、樟科、山茶科主要特征及分属检索表

一、壳斗科

1. 基本特征

常绿或落叶乔木，稀灌木。单叶，互生，全缘或齿裂，或不规则的羽状裂（落叶类多见）。花单性同株，稀异株；花被一轮，4～6 片，基部合生，干膜质；雄花序下垂或直立，整序脱落，多数单花或小花束，即变态的二岐聚伞花序簇生于花序轴（或总花梗）的顶部呈球状，或散生于总花序轴上呈穗状，稀呈圆锥花序；雌花序直立，花单朵散生或数朵聚生成簇，分生于总花序轴上呈穗状，有时单或 2～3 朵花腋生。由总苞发育而成的壳斗脆壳质、木质或角质，包着坚果底部至全包坚果，开裂或不开裂，外壁平滑或有鳞片或刺，每壳斗有坚果 1～3（或 5）个；坚果有棱角或浑圆，富含淀粉或及鞣质。

2. 分属检索表

表Ⅱ-1　壳斗科分属检索表

1	雄花序球状或头状，下垂；花药长 1.5～2 mm；雌花 1～2 朵，偶有 3 朵；坚果有 3 脊棱；冬季落叶乔木	水青冈属
1	雄花序穗状或圆锥状，直立或下垂；雌花单朵或多朵聚生成簇，分散于花序轴上（2）	
2	雄花序直立，雄花有退化雌蕊；花药长约 0.25 mm；雌花的柱头细窝点状，颜色与花相同（3）	
2	雄花序下垂，雄花无退化雌蕊；花药长 0.5～1 mm；雌花的柱头面长过于宽，颜色与花柱不同（5）	
3	冬季落叶；子房 6 室；无顶芽	栗属
3	常绿；子房 3 室；有顶芽（4）	
4	叶通常二列；壳斗常有刺，大部全包坚果，若壳斗杯状，则其小苞片呈鱼鳞片状或多少横向连生成圆环	锥属
4	叶非二列；壳斗无刺，通常杯状，若全包坚果，则壳斗有刺或线状体或有环状肋纹	柯属
5	壳斗 3～5 瓣裂；坚果具 3 脊棱	三棱栎属
5	壳斗不瓣裂；坚果无脊棱（6）	
6	壳斗的小苞片连生成圆环；坚果的顶部通常有环圈；常绿乔木	青冈属
6	壳斗的小苞片鱼鳞片状，或线状而近于木质，或狭披针形，膜或纸质，常绿或冬季落叶	栎属

注：庐山可见栗属、锥属、青冈属、水青冈属、柯属、栎属；引自《中国植物志》。

二、樟科

1. 基本特征

常绿或落叶，乔木或灌木。叶互生、对生、近对生或轮生，具柄，通常革质，有时为膜质或坚纸质，全缘，极少有分裂（如檫木属），与树皮一样常有多数含芳香油或黏液的细胞，羽状脉，三出脉或离基三出脉，小脉常为密网状，脉网通常在新鲜时不甚明显，但干时常十分明显，上面具光泽，下面常为粉绿色；无托叶。花序为圆锥状、总状或小头状。花通常小，花被片开花时平展或常近闭合。花被筒辐状，漏斗形或坛形。果为浆果或核果。

2. 分属检索表

表Ⅱ-2　樟科分属检索表

1	缠绕寄生草本	无根藤亚科
1	有叶的乔木或灌木	樟亚科
2	花序呈假伞形或簇状，稀为单花或总状至圆锥状，其下承有总苞，总苞片大而常为交互对生，常宿存（3）	
2	花序通常呈圆锥状，疏松，具梗，但亦有成簇状的，均无明显的总苞（6）	
3	花 2 基数，即花各部为 2 数或为 2 的倍数（4）	
3	花 3 基数，即花各部为 3 数或为 3 的倍数（5）	
4	雌雄异株或两性花；雄花具 12 枚雄蕊，排成 3 轮，每轮 4 枚，全部具腺体	月桂属
4	雌雄异株；雄花具 6 枚雄蕊，排成 3 轮，每轮 2 枚，第三轮雄蕊具腺体，花药 4 室，室内向；雌花具 6 枚退化雄蕊	新木姜子属
5	花药 2 室	山胡椒属
5	花药 4 室	木姜子属
6	果完全为增大而贴生的花被筒所包被，先端具一小开口；花药 2 室；果 1 室	厚壳桂属
6	果不为花被筒全部包被（7）	
7	果着生于由花被筒发育而成的或浅或深的果托上，果托只部分地包被果（8）	
7	果着生于无宿存花被的果梗上，若花被宿存时，则绝不成果托（11）	
8	花序在开花前有大而非交互对生的迟落的苞片（9）	
8	花序在开花前有小而早落的苞片（10）	
9	叶通常轮生稀对生，全缘	黄肉楠属
9	叶互生，常具浅裂	檫木属
10	花序圆锥状；花药 4 室，均上下各 2；叶具羽状脉、三出脉或离基三出脉	樟属
10	花序成簇状，为团伞花序，具梗或无梗；花药 4 室几横排成一行，2 室内向，2 室侧外向，或上下各 2 室，上 2 室小得多而内向，下 2 室较大而侧外向；叶具离基三出脉	新樟属

续表

11	果时花被直立而坚硬，紧抱果上	楠属
11	果时花被脱落，若宿存则绝不紧抱果上（12）	
12	果梗十分增粗，肉质，常着艳色；花药 2 室；叶在小枝顶端成近轮生状叶丛；小枝显为灰白色；花少数，花被裂片通常不相等，着生于细长花梗上	莲桂属
12	果梗几不或不增粗，若增粗时花药则为 4 室（13）	
13	花药 4 室（14）	
13	花药 2 室（18）	
14	花被裂片不相等，外轮 3 枚很小；果梗多少增粗，先端膨大（15）	
14	花被裂片相等或近相等（16）	
15	叶对生，离基三出脉；果大型，无宿存的花被裂片	檬果樟属
15	叶不为对生，羽状脉；果小得多，花被裂片宿存	赛楠属
16	花被裂片果时宿存，反卷或展开	润楠属
16	花被裂片花后早落（17）	
17	花被小或中等大，花后稍增厚；果带肉质，小至中型	油丹属
17	花被大，花后增厚；果肉质，大型（栽培种）	鳄梨属
18	花 2 基数，即花各部为 2 数或为 2 的倍数；能育雄蕊 4 枚	油果樟属
18	花 3 基数，即花各部为 3 数或为 3 的倍数（19）	
19	能育雄蕊 6 枚或 9 枚，第一、二轮的花药内向，第三轮的花药外向	琼楠属
19	能育雄蕊 3 枚	土楠属

注：庐山可见樟属、山胡椒属、木姜子属、润楠属、新木姜子属、楠属、檫木属；引自《中国植物志》。

三、山茶科

1. 基本特征

乔木或灌木。叶革质，常绿或半常绿，互生，羽状脉，全缘或有锯齿，具柄，无托叶。花两性稀雌雄异株，单生或数花簇生，有柄或无柄，苞片 2 至多片，宿存或脱落，或苞萼部分逐渐过渡；萼片 5 至多片，脱落或宿存，有时向花瓣过渡；花瓣 5 至多片，基部连生，稀分离，白色，或红色及黄色。果为蒴果，或不分裂的核果及浆果状，种子圆形、多角形或扁平，有时具翅。

2. 分属检索表

表Ⅱ-3　山茶科分属检索表

1	花两性，直径 2～12 cm；雄蕊多轮，花药短，常为背部着生，花丝长；子房上位。具蒴果，稀为核果状，种子大（2）	山茶亚科
1	花两性稀单性，直径小于 2 cm，如大于 2 cm，则子房下位或半下位，雄蕊 1～2 轮，5～20 个，花药长圆形，有尖头，基部着生，花丝短，果为浆果或闭果（10）	厚皮香亚科
2	果为蒴果（3）	
2	果为不开裂的核果（9）	核果茶族
3	萼片常多于 5 片，宿存或脱落，花瓣 5～14 片，种子大，无翅（4）	山茶族
3	萼片 5 数，宿存，花瓣 3 片，种子较小，有翅或无翅（5）	
4	蒴果从上部分裂，中轴脱落，苞片 10，花瓣不定数，常多于 5	山茶属
4	蒴果从下部开裂，中轴宿存，苞片 2，萼片 10，花瓣 5，花柱多连生	石笔木属
5	蒴果有宿存中轴，蒴果先端圆或钝，宿萼不包着蒴果，种子有翅或无翅（6）	大头茶族
5	蒴果无中轴，蒴果先端长尖，宿萼大，包着或托住果实，种子有翅或缺（8）	紫茎族
6	种子无翅，圆肾形，蒴果扁球形，雄蕊 2 轮，花药基部着生，花柱极短	圆籽荷属
6	种子扁平有翅，花大，雄蕊多轮，花药背部着生，花柱伸长（7）	
7	蒴果长筒形，种子上端有长翅，萼片半宿存	大头茶属
7	蒴果球形，种子周围有翅，宿存萼片细小	木荷属
8	叶常绿，叶柄两侧对折，舟状，种子几无翅，顶芽不具鳞苞	折柄茶属
8	叶脱落或半常绿，叶柄不对折，种子有翅，顶芽有鳞状苞片	紫茎属
9	萼片厚革质，8～10 片；花瓣 8～10 片，黄色；二者逐渐过渡，核果不具宿存萼片，3 室	多瓣核果茶属
9	萼片及花瓣均为 5 片，二者界限分明，花白色，核果有宿存萼，5～7 室	核果茶属
10	花单生于叶腋，胚珠 3～10 个，浆果及种子较大，叶排成多列（11）	厚皮香族
10	花数朵腋生，胚珠 8～100 个，浆果及种子细小，叶排成 2 列，稀多列（12）	杨桐族
11	花两性，花药有长芒，子房半下位，花瓣下半部连合，胚珠每室 4～10 个	茶梨属
11	花杂性，花药有短芒，子房上位，花瓣近离生，胚珠每室 2～6 个	厚皮香属
12	花单性，花药无毛亦无芒，叶排成 2 列	柃木属
12	花两性，花药被长毛，药格多少有芒（13）	
13	花柄长 3～6 mm，胚珠 12 个，叶薄革质，排成多列，具锯齿，侧脉疏，末端连结	猪血木属
13	花柄长 1～3 cm，胚珠 8～100 个；叶厚革质，排成 2 列，通常全缘，稀有钝齿，侧脉密，不连结（14）	
14	子房 3～5 室，胚珠 20～100 个，花柱全缘；顶芽有毛	杨桐属
14	子房 2～3 室，胚珠 8～16 个，花柱 2～3 裂；顶芽无毛	红淡比属

注：庐山可见山茶属、木荷属、紫茎属、红淡比属、杨桐属、柃木属、厚皮香属；引自《中国植物志》。

附录III　庐山地区主要植物种类野外识别方法

一、蕨类植物（图III-1）

图III-1　庐山主要蕨类植物照片（照片来自《中国植物志》）

1. 紫萁科

紫萁——多年生宿根性的草本。根茎块状，其上宿存多数已干枯的叶柄基部。二回羽状复叶，初生时红褐色并被有白色或淡褐色茸毛，为酸性土指示植物。

2. 海金沙科

海金沙——多年生攀援草本。叶多数生于短枝两侧，营养叶尖三角形，二回羽状，边缘有浅钝齿；孢子叶卵状三角形，羽片边缘有流苏状孢子囊穗。

3. 里白科

芒萁——根状茎细长横走，叶片疏生，叶轴一至二回或多回分叉，各回分叉的腋间有一个密被绒毛的休眠芽，并有一对叶状苞片。在第 1 回分叉处基部两侧有一对羽状深裂的阔披针形羽片；末回羽片披针形，篦齿状羽裂几达羽轴。其指示强酸性的土壤。

4. 蕨科

蕨——多年生草本。根状茎长而粗壮，横卧地下，表面被棕色茸毛。叶每年春季从根状茎上长出，幼时拳卷，成熟后展开，有长而粗壮的叶柄，叶三角形至广披针形，为 2～4 回羽状复叶。

5. 凤尾蕨科

井栏边草——多年生草本。叶二型，丛生，无毛；生孢子囊的能育叶片卵形，一回羽状，下部羽片常 2～3 叉，除基部一对有叶柄外，其余各对基部下延，在叶轴两侧形成狭翼，羽片线形，3～7 对，对生或近对生全缘，沿羽片下面边缘着生孢子囊群；不生孢子囊群的羽片或小羽片均较宽，线形或卵圆形，边缘有不整齐的尖锯齿。喜温暖湿润和半阴环境，为钙质土指示植物。

6. 铁线蕨科

铁线蕨——叶柄细长而坚硬，似铁线，故名铁线蕨。叶片卵状三角形，2～4 回羽状复叶，细裂，叶脉扇状分叉，叶长 10～30 cm，小羽片斜扇形，深绿色。孢子囊群生于羽片的顶端。其是我国暖温带、亚热带和热带气候区的钙质土和石灰岩的指示植物。

7. 裸子蕨科

凤了蕨——多年生草本，叶柄长 30～60 cm，基部以上光滑，叶片与叶柄几等长，下部二回羽状，向上一回羽状，羽片 2～5 对，互生，基部一对最大。叶脉网状，沿中脉两侧各形成 2～3 行网眼。孢子囊群线形，沿叶脉延伸，几达叶边。

8. 乌毛蕨科

狗脊——叶通常二次羽状分裂，根茎匍匐，叶柄直立，长 16～30 cm；是华中、华南常见的酸性土指示植物。

9. 鳞毛蕨科

贯众——叶丛生，革质，单数一回羽状复叶，小羽片呈镰刀状披针形，边缘有细锯齿，叶柄细长密被褐色细毛。我国大部分地区都有分布，常见于林下沟边等潮湿的地方。

10. 水龙骨科

石韦——多年生草本，高 13～30 cm。根茎细长横走。叶疏生；叶柄长 6～15 cm；叶片披针形、线状披针形或长圆状披针形，长 7～20 cm，宽 1.5～3 cm，全缘，革质，上面疏被星状毛或无毛，下面密被淡褐色星芒状毛，主脉明显。

庐山石韦——高 25～60 cm。根茎肥厚而短。叶近于簇生；叶柄长 10～80 cm，粗壮；叶片广披针形，长 10～30 cm，宽 3～6.5 cm。

二、裸子植物（图III-2）

图III-2 庐山主要裸子植物照片（照片来自《中国植物志》）

1. 银杏科

银杏——落叶大乔木。叶互生，在长枝上辐射状散生，在短枝上 3～5 枚成簇生状，有细长的叶柄，扇形，具多数叉状脉。雌雄异株，稀同株，球花单生于短枝的叶腋；雄球花成柔荑花序状；雌球花有长梗。

2. 松科

黄山松——常绿乔木，高超过 20 m，枝平展，干皮深灰色，裂成不规则的鳞状厚块片，叶二针一束，稍直硬，暗绿色，球果卵形，长 5～6 cm。在中亚热带地区海拔 700 m 以上有分布。

马尾松——常绿乔木。叶细长柔软，呈长针形，二针一束生于枝端，形似马尾，针叶翠绿色，顶芽棕褐色，叶基具叶鞘，叶边缘有锯齿。每果鳞内含有两粒具翅的种子，它喜生于酸性土，分布于长江流域以南各地。

日本冷杉——常绿高大乔木，小枝有圆形叶痕，叶线形，叶尖端有凹缺。其适生于凉爽、湿润的酸性土中。

金钱松——落叶乔木，有长短枝之分。叶生于短枝，15～20 枚叶片簇生，由叶柄轮状平展，叶长 3～7 cm，宽 2～4 mm，前端尖。其分布于海拔 1300 m 以下、光照充足、温暖多雨、土壤肥厚、排水良好的酸性土山区。

3. 杉科

日本柳杉——常绿乔木，树冠圆锥形。树皮暗褐色，侧枝密生。叶锥形，形状与柳杉相似，但其叶直伸，先端不内曲，略短，而且其叶片在冬季绿色不变。

杉木——常绿乔木，树皮褐色，纵裂成长条片，枝条横展，枝梢端下垂。叶密集螺旋状排列在枝上，基部常扭转，形成两列状，叶背中脉两边有白色气孔条。其喜土壤肥厚、排水良好的酸性土壤。

水杉——落叶乔木，小枝对生，具长枝或脱落性短枝，春夏时绿色，秋冬为淡褐色，叶交互对生、二列、羽状，冬季与侧生短枝俱落、叶线形、中脉上面凹下。其为孑遗种，自然残存于重庆市万州区，目前各地栽种。

落羽杉——又名落羽松。落叶乔木。地面通常有屈膝状的呼吸根；枝水平开展。叶线形，扁平，基部扭曲在小枝上为 2 列羽状，长 1～1.5 cm，宽约 1 mm，先端尖，上面中脉下凹，下面中脉隆起。庐山植物园有引种。

4. 柏科

日本扁柏——常绿乔木。近基部的大枝平展，上部逐渐斜上。生鳞叶的小枝下面被白粉，形状扁平，排成一平面。鳞叶肥厚，长 1～1.5 mm，先端钝，侧面鳞叶较中间鳞叶稍短。球果圆球形。

圆柏——常绿乔木，树冠尖塔形或圆锥形。近基部的大枝平展，上部逐渐斜上。叶深绿色，叶有两种，鳞叶交对生，多见于老树或老枝上；刺叶常 3 枚轮生，叶上面微凹；有 2 条白色气孔带。

侧柏——常绿乔木，小枝直展、扁平、两面均为绿色，鳞叶前端微尖，鳞叶背部上端为一反曲之尖头，为我国特产，适生于冷及暖湿气候，碱性或微碱性土壤。

5. 罗汉松科

罗汉松——常绿乔木。树冠广卵形。叶条状披针形，先端尖，基部楔形，两面中肋隆起，表面暗绿色，背面灰绿色，有时被白粉，排列紧密，螺旋状互生。雌雄异株或偶有同株。

6. 三尖杉科

三尖杉——我国亚热带特有植物。常绿乔木。叶螺旋状着生，基部扭转排成二列状，近水平展开，披针状条形，常略弯曲，长 5～8 cm，宽 3～4 mm，基部楔形，上面亮绿色，中脉隆起，下面有白色气孔带，中脉明显。

三、被子植物（图III-3～图III-6）

图III-3　庐山主要被子植物（胡桃科、壳斗科和木兰科）照片（照片来自《中国植物志》）

图III-4　庐山主要被子植物（樟科、金缕梅科、蔷薇科和豆科）照片（照片来自《中国植物志》）

图III-5　庐山主要被子植物（漆树科、槭树科和山茶科等）照片（照片来自《中国植物志》）

图III-6 庐山主要被子植物（杜鹃花科和忍冬科）照片（照片来自《中国植物志》）

1. 禾本科

白茅——草本。茎节上有长柔毛；叶片主脉明显；叶鞘边缘与鞘口有纤毛；圆锥花序分枝紧密；小穗基部密生银丝状长柔毛。

早熟禾——一年生草本。秆细弱丛生。叶鞘质软，中部以上闭合，短于节间，平滑无毛；叶片扁平、柔弱、细长。圆锥花序展开，颖果纺锤形。

中华淡竹叶——多年生草本。秆直立，中空，节明显。叶互生，广披针形，先端渐尖，基部收缩成柄状；叶鞘包秆，边缘光滑或略被纤毛；叶舌短小，质硬，具缘毛。圆锥花序顶生，小枝开展；小穗狭披针形。

毛竹——常绿乔木状。生活型较为特殊，其茎可分为地上茎及地下茎两部分，地下茎节间较长，腋芽出土长成地上茎即竹竿。竹竿在地面散生，高可达 20 m 以上。秆箨厚革质，密被糙毛和深褐色斑点和斑块，箨耳和繸毛发达，箨舌发达，箨片三角形，披针形，外翻。叶披针形。其喜温暖湿润气候，在深厚肥沃、排水良好的酸性土壤上生长良好。

玉山竹——灌木状。节间长 10～30 cm，下部各节 1 分枝，上部 3～4 分枝，小枝 3～10 叶。

2. 百合科

菝葜——攀援灌木。茎疏生刺，叶薄革质或坚纸质，圆形、卵形或其他形状，下面通常淡绿色，叶柄有卷须，脱落点位于靠近卷须处。伞形花序生于叶尚幼嫩的小枝上，常呈球形。浆果熟时红色，有粉霜。

3. 胡桃科

化香树——落叶灌木或小乔木。奇数羽状复叶互生；小叶 7～23 枚，卵状披针形成长椭圆状披针形，基部阔楔形或微心形稍偏斜，先端渐尖，边缘有重锯齿，叶表深绿，背面淡绿，叶背沿脉或脉腋有毛；无柄。

枫杨——落叶大乔木。奇数羽状复叶，但顶叶常缺而呈偶数状，叶轴具翅和柔毛，小叶 5～8 对，无柄，缘具细齿。雄花柔荑花序状，雌花穗状。小坚果，两端具翅，花期 5 月，果熟 9 月。

4. 壳斗科

锥栗——落叶乔木。叶互生，卵状披针形，顶端长渐尖，基圆形，叶缘锯齿具芒尖。雄花序生小枝下部叶腋，雌花序生小枝上部叶腋。壳斗球形，带刺直径 2～3.5 cm；坚果单生于壳斗，卵圆形。

茅栗——落叶灌木或小乔木。叶互生，薄革质，椭圆状长圆形至长圆状披针形，基部圆钝或略近心形，先端渐尖，边缘具短刺状小锯齿。总苞近球形，直径 3～4 cm，外面生细长尖刺。花期 5 月，果期 9～10 月。

青冈栎——常绿乔木。叶上面亮绿色，无毛，下面粉白色，有毛，老时几无毛，互生，集枝顶，革质，椭圆形，叶基宽楔形成圆形，叶中部以上有齿。壳斗碗形，径 1 cm 左右；坚果椭球形。

细叶青冈——常绿乔木。叶下面苍白色或粉白色，无毛，互生，卵状披针形至长圆状披针形，顶端渐尖，叶基楔形，叶上半部有浅锯齿，叶柄细，长 1～2.5 cm。壳斗碗形；坚果卵球形。

栓皮栎——落叶乔木。叶互生；宽披针形，长 8～15 cm，宽 3～6 cm，顶端渐尖，基部阔楔形；边缘具芒状锯齿；叶背灰白，密生细毛。壳斗碗状，径 2 cm，包坚果 2/3 以上；坚果球形，直径 1.5 cm，顶圆微凹。

苦槠——常绿乔木，树皮暗灰色，纵裂。小枝绿色，略具棱。叶厚革质，椭圆形，长 7～14 cm，顶端渐尖或短尖，基部楔形或圆形，边缘或中部以上有锐锯齿。壳斗杯形，幼时全包坚果，成熟时包围坚果 3/4。花期 5 月，10 月果熟。长江中下游各省均有分布。

甜槠——常绿乔木，小枝无毛，叶卵形或披针状卵形，前端渐尖，无腺点状伸出，侧脉显著，基部不对称，上部常具粗锯齿或全缘，背面淡绿色，无毛，壳斗卵状球形，疏生短粗刺。果单生，卵形。

石栎——常绿乔木。叶厚革质，矩圆形或倒卵状矩圆形，长 8～12 cm，宽 2.5～4 cm，先端急尖，基部楔形，全缘或近顶端有钝齿。

短柄枹栎——落叶乔木。单叶互生，叶集生在小枝顶端，叶片较短窄；叶柄较短或近无柄，长 2～5 mm。叶片长椭圆状披针形或披针形，叶边缘具粗锯齿，齿端微内弯，叶片下面灰白色，被平伏毛。花期 4～5 月，果实次年 10 月成熟。

5. 榆科

朴树——落叶乔木。叶质较厚，阔卵形或圆形，中上部边缘有锯齿；三出脉。花杂性同株；雄花簇生于当年生枝下部叶腋；雌花单生于枝上部叶腋，1～3 朵聚生。核果近球形，单生叶腋，红褐色；花期 4 月，果熟期 10 月。

白榆——落叶乔木。叶椭圆状卵形或椭圆状披针形，先端尖或渐尖，基部一边楔形、一边近圆，叶缘不规则重锯齿或单齿。花簇生。翅果近圆形，熟时黄白色，无毛。花 3～4 月先叶开放，果熟 4～6 月。

6. 桑科

构树——落叶乔木。单叶对生或轮生，阔卵形，顶端锐尖，基部圆形或近心形，边缘有粗齿，3～5 深裂（幼枝上的叶更为明显），两面有厚柔毛；叶柄长 3～5 cm，密生绒毛；托叶卵状长圆形，早落。葚果球形，橙红色。

葎草——多年生草质藤本，匍匐或缠绕。茎枝和叶柄上密生倒刺；有分枝，具纵棱。叶对生，掌状 3～7 裂，裂片卵形或卵状披针形，基部心形，叶缘有锯齿。花腋生，雌雄异株，雄花成圆锥状柔荑花序；雌花为球状的穗状花序。

薜荔——常绿攀援或匍匐灌木；含乳汁。叶异型、二型；在不生花序托的枝上叶小而薄，心状卵形，基部偏斜，几无柄，基部斜；在生花序托的枝上叶较大而厚，革质，卵状椭圆形，顶端钝。隐花果单生于叶腋，梨形或倒卵形。

鸡桑——灌木或小乔木。叶纸质，卵形，顶端渐尖，基部心形或截形。雄花序长 1.5～2 cm，雄蕊突出；雌花序长 0.5～1 cm，外有毛；果长 1～1.5 cm，成熟时红色至近黑色。

7. 木通科

木通——落叶藤本。小叶 5，倒卵形，先端圆而中间微凹，前有一细短尖，全缘。

三叶木通——落叶木质藤本。小叶 3，卵圆形，先端钝圆，微凹，基部圆形或宽楔形，边缘浅裂或波状。总状花序腋生。

8. 小檗科

庐山小檗——落叶灌木。茎多分枝，枝有细沟纹，并具针刺，刺通常不分叉。叶簇生；倒披针形至匙形，叶基渐狭而呈柄状，全缘。花序略呈总状，腋生。

阔叶十大功劳——常绿灌木。羽状复叶互生，长 30～40 cm，叶柄基部扁宽抱茎；小叶 7～15 片，厚革质，广卵形至卵状椭圆形，先端渐尖成刺齿，边缘反卷，每侧有 2～7 枚大刺齿。总状花序粗壮，丛生于枝顶。浆果卵圆形，熟时蓝黑色，有白粉。

南天竹——常绿灌木。2～3 回羽状复叶，小叶椭圆状披针形。圆锥花序顶生；花小，白色；浆果球形，鲜红色，宿存至翌年 2 月。

9. 防己科

木防己——缠绕性木质藤本。叶互生，卵形或卵状长圆形，基部圆形或呈心形。聚伞花序排成圆锥状。花期 5～8 月，果期 8～9 月。

10. 木兰科

鹅掌楸——落叶乔木。叶互生，每边常有 2 裂片，顶部平截，叶形如马褂。花单生枝顶。聚合果纺锤形，小坚果有翅。

玉兰——落叶乔木。叶互生，有时呈螺旋状，宽倒卵形至倒卵形，中部以下渐狭楔形，全缘。叶在基部通常有托叶或附属物，幼枝上残存环状托叶痕。花大，单生枝顶，钟状，肉质。花在 3 月先叶开放。

厚朴——落叶乔木。叶革质，倒卵形或倒卵状椭圆形，上面绿色，无毛，下面有白霜。花与叶同时开放，单生枝顶，白色，芳香。

凹叶厚朴——落叶乔木。叶较厚朴小而狭窄，呈狭倒卵形，先端有明显凹缺。

11. 樟科

山鸡椒——落叶灌木或小乔木。叶互生，椭圆状披针形或卵状长圆形，羽状脉，侧脉纤细；叶柄长 0.6～2 cm，无毛。伞形花序单生或簇生于叶腋短枝上，总梗细长。

山胡椒——落叶灌木或小乔木。单叶互生，薄革质，长椭圆形至倒卵状椭圆形，全缘，羽状脉，叶片枯后留存树上。腋生伞形花序，有短花序梗，花 2～4 朵成单生。

三桠乌药——落叶乔木或灌木。叶互生，近圆形或扁圆形，先端急尖，全缘或三裂，基部近圆形或心形，三出脉，偶有五出脉，网脉明显；叶柄被黄白色柔毛。伞形花序无总梗。

乌药——常绿灌木或小乔木。叶互生，卵形至近圆形，先端长渐尖或尾尖，基部圆形，革质或近革质，上面绿色，有光泽，下面苍白色。花期 3～4 月，果期 5～11 月。

绿叶甘橿——落叶灌木或小乔木。叶互生，卵形至宽卵形，先端渐尖，基部圆形，纸质，上面深绿色，无毛，下面苍白色，三出脉或离基三出脉。伞形花序有花7～9朵，单生或少数簇生于腋生短枝上。

山橿——落叶灌木。树皮棕褐色，小枝黄绿色，光滑，无皮孔，常有污黑色斑块。叶互生，纸质，卵圆形或倒卵状椭圆形，先端渐尖，基部近圆形或宽楔形，上面无毛，下面带苍绿白色，有柔毛或几无毛，羽状脉。伞形花序腋生。果球形，熟时红色。

檫木——落叶乔木。叶互生，全缘或2～3裂。羽状脉；叶柄细长。核果呈紫黑色或蓝黑色。喜温暖湿润气候，喜土层深厚、疏松、排水良好的酸性土壤。

樟——常绿乔木。叶互生，具柄，卵状椭圆形。叶具离基三出脉，脉腋间隆起为腺体。圆锥花序腋生，花小，绿白或带黄色。

细叶香桂——常绿乔木。树皮灰色，平滑，当年生小枝纤细，密被黄色平伏绢状短柔毛，2年生枝毛变黄黑色。叶革质，在幼枝上近对生，在老枝上互生，椭圆形、卵状椭圆形至披针形，上面深绿色，有光泽，幼时有毛，老时脱落，下面黄绿色，密生短绒毛，老时脱落，三出脉。圆锥花序腋生，各级序轴密被短柔毛，花淡黄色，果椭圆形，熟时蓝黑色。

白楠——常绿乔木。叶革质，披针形或倒披针形，基部渐狭下延，叶脉在上面凹陷，下面凸起。

紫楠——常绿乔木。叶革质，倒卵形、椭圆状倒卵形，先端尾尖，叶表面无毛或沿脉有毛，背面密被黄褐色长柔毛，网脉隆起，侧脉弧曲。果卵形。花期4～5月，果期9～10月。

12. 罂粟科

博落回——多年生草本。全体带有白粉，折断后有黄汁流出。茎圆柱形，中空。单叶互生，阔卵形，5～7或9浅裂，裂片有不规则波状齿；叶柄长5～12 cm，基部膨大而抱茎。圆锥花序顶生或腋生。

13. 虎耳草科

溲疏——落叶灌木。叶对生，有短柄；叶片卵形至卵状披针形，顶端尖，基部稍圆，边缘有小齿，两面均有星状毛，粗糙。花序圆锥状，花白色或带粉红色斑点。

伞形绣球——落叶灌木。单叶对生，薄纸质，披针形或倒卵形，先端尾状渐尖，基部楔形，边缘除基部外有锯齿。伞形状或伞房状聚伞花序。

14. 海桐花科

海金子（崖花海桐）——小乔木或灌木。叶互生，薄革质，倒卵状披针形，顶端渐尖，边缘微波状。果实球形；果柄细长而下弯。花期5月，果期10月。

15. 金缕梅科

蜡瓣花——落叶灌木，枝有柔毛。叶互生，卵形或倒卵形，先端短尖，基部斜心形，边缘为波状小齿牙，背面灰绿色，密被细柔毛。总状花序下垂。花黄色，有香气。蒴果卵圆形，种子黑色，有光泽。先叶开花，花期 3～4 月，果期 9～10 月。

枫香——乔木。叶常为掌状 3 裂，萌芽枝的叶 5～7 裂，基部心形或截形，裂片先端尖，缘有锯齿。

檵木——通常为灌木，稀为小乔木。叶革质，卵形，顶端锐尖，基部偏斜而圆，全缘，叶柄长 2～5 mm。苞片线形，花瓣白色，线形，长 1～2 cm。

16. 悬铃木科

二球悬铃木——落叶乔木。叶基心形或截形，裂片三角状卵形，疏生粗锯齿，中部裂片长宽近相等。果序常 2 个生于总柄。花期 4～5 月，果熟 9～10 月。

17. 蔷薇科

野山楂——落叶灌木。叶阔倒卵形，基部渐狭而接近于短叶柄，基部楔形，边缘有缺刻及不整齐锯齿，顶端常为 3 裂，托叶近于卵形，有牙齿。花白色，伞房花序。梨果球形或梨形，红色或黄色，萼宿存而向外反曲。

石楠——常绿小乔木。单叶互生，厚革质，长椭圆形至倒卵状椭圆形，边缘疏生具细腺锯齿，叶脉羽状，侧脉 25～30 对，叶表面绿色，幼叶红色。顶生复伞房花序。

野珠兰——落叶灌木。小枝细长呈“之”字形，叶卵形，边缘具双重锯齿。圆锥花序顶生，花小白色，蓇葖果斜球形。

山莓——落叶灌木。有皮刺，叶卵状披针形，背面有细钩刺。花白色，聚合果球形，紫红色。

橉木——落叶乔木。叶椭圆形或倒卵形，先端渐尖，基部楔形，边缘具圆锯齿，齿端内曲，两侧基部最末 1 齿各具 1 棕黑色扁平腺体。总状花序，花瓣白色，核果卵球形，紫红色。

石灰花楸——乔木。叶卵形，边缘具细锯齿，萌生枝之叶具重锯齿。上面无毛，下面密被白色绒毛。复伞房花序。

18. 豆科

山槐——落叶小乔木或灌木。二回羽状复叶，小叶长圆形或长圆状卵形，先端圆钝而有细尖头。头状花序生于叶腋，或于枝顶排成圆锥花序。

黄檀——乔木。羽状复叶，有小叶 9～11 片，长圆形或宽椭圆形，顶端钝，微缺。圆锥花序顶生或生在上部叶腋间。

葛——多年生草质藤本。有地下块根。三出羽状复叶，小叶片全缘或浅裂，侧小叶歪斜，卵形，中央小叶菱状卵圆形。托叶披针形，盾状着生。总状花序腋生，花紫红色。

美丽胡枝子——落叶灌木。3 小叶复叶，小叶椭圆状或卵状椭圆形，先端急尖或钝圆，背面密被白柔毛，小叶叶柄粗壮，托叶常宿存。总状花序较叶轴长，单生或排成圆锥状。

19. 酢浆草科

山酢浆草——多年生草本。根状茎横卧。叶全部基生，掌状三出复叶，小叶无柄，倒三角形，顶端平截，有微凹，基部宽楔形。花单生。

20. 芸香科

臭辣树——落叶乔木。羽状复叶，小叶 5～11 片，椭圆状卵形或长椭圆状披针形，顶端渐尖或长渐尖，基部楔形，两侧常不等齐，表面深绿色近于无毛，背面灰白色，全缘或有不明显的圆锯齿。聚伞圆锥花序顶生；花白色或淡绿色，5 基数。

21. 楝科

楝——落叶乔木。2～3 回单数羽状复叶，长 20～50 cm，小叶卵形至椭圆形，边缘有钝尖锯齿，深浅不一，有时微裂。圆锥花序与叶近等长或较短。

22. 大戟科

油桐——落叶乔木。叶互生，卵形或宽卵形，先端尖或渐尖，叶基心形，全缘或三浅裂。圆锥状聚伞花序顶生，花先叶开放，白色。

算盘子——落叶灌木。叶互生，有短柄或几无柄，叶片椭圆形成椭圆状披针形，顶端尖，有时钝，基部宽楔形。花数朵簇生于叶腋。蒴果扁球形，直径约 1.5 cm，有纵沟，外面有绒毛。

白木乌桕——乔木或灌木。枝细，有白色乳汁。叶卵形至倒卵形，全缘；叶柄长 1.5～2.5 cm，顶端有 2 盘状腺体。穗状花序顶生。

乌桕——落叶乔木。叶菱形、菱状卵形，先端突渐尖，基部宽楔形，全缘。叶柄细长，顶端有 2 腺体。花序顶生，花黄绿色。果扁球形，黑褐色，熟时开裂。

23. 漆树科

黄连木——落叶乔木。偶数羽状复叶，小叶 10～14 片，披针形或卵状披针形，先端渐尖，基部偏斜，全缘。圆锥花序，雄花序淡绿色，雌花序紫红色。

盐肤木——落叶灌木至小乔木。叶互生，奇数羽状复叶，叶轴具宽翅，有小叶 7～13 片；小叶边缘有粗锯齿，背面粉绿色，有柔毛，小叶无柄。圆锥花序顶生。

野漆树——落叶小乔木或灌木。叶螺旋状互生，密集于枝端，小叶 9～15 片，对生，薄革质，长椭圆状披针形或广披针形，顶端长尖，基部楔形而偏斜，全缘，两面光滑无毛。圆锥花序腋生。

24. 冬青科

尾叶冬青——常绿乔木。小枝有棱，灰褐色。叶革质，倒卵状椭圆形，先端尾尖，全缘。果球形红色。

25. 卫矛科

卫矛——灌木。小枝四棱形，有 2～4 排阔翅。叶对生，叶片倒卵形，边缘有细尖锯齿。聚伞花序黄绿色。

26. 省沽油科

野鸦椿——落叶小乔木或灌木。单数羽状复叶对生；小叶 7～11 片，对生，卵形至卵状披针形，基部圆形至阔楔形，先端渐尖，边缘具细锯齿，厚纸质。圆锥花序顶生，花黄白色。蓇葖果，果皮软革质，紫红色。种子近圆形，假种皮肉质，黑色。

27. 槭树科

三角枫——落叶乔木。叶三角形或椭圆形，通常 3 裂，裂片三角形，近于等大而呈三叉状，顶端短渐尖，全缘或略有浅齿。伞房花序顶生。翅果棕黄色，两翅呈镰刀状。

青榨槭——落叶乔木。单叶对生，叶广卵形或卵形，上部三浅裂，有时五裂，基部心形，边缘有钝尖二重锯齿，上面暗绿色，平滑无毛。总状花序顶生，下垂。

鸡爪槭——落叶小乔木。单叶对生，掌状 7 裂，基部近楔形或近心形，边缘具锯齿。伞形状伞房花序。翅果平滑，棕黄色。

地锦槭——落叶乔木。叶 5 裂，裂片宽三角形，全缘。伞房花序顶生。小坚果扁平，两翅近水平状开展。

28. 无患子科

黄山栾树——落叶乔木。二回羽状复叶，小叶互生，厚纸质，长椭圆状卵形，全缘。圆锥花序顶生。蒴果椭圆形。

29. 鼠李科

勾儿茶——藤状或攀援灌木。叶纸质，卵状椭圆形，上面绿色，下面灰绿色。花绿色，2～3 个簇生排成近圆锥花序。

长叶冻绿——落叶灌木。叶片长椭圆形或披针状长椭圆形，顶端短尾状渐尖至急尖，基部楔形至近圆形，边缘有细锯齿。聚伞花序腋生。

30. 葡萄科

乌敛莓——蔓生藤本。茎有纵棱，卷须二歧，与叶对生。掌状复叶，通常 5 小叶，顶生小叶椭圆状卵形。花为多花的伞房花序状聚伞花序，生于叶腋。

爬山虎——多年生落叶木质藤本植物。枝条粗壮，卷须短，多分枝，顶端有吸盘。叶互生，花枝上的叶宽卵形，常 3 裂，或下部枝上的叶分裂成 3 小叶，幼枝上的叶较小，常不分裂。聚伞花序常着生于两叶间的短枝上。

刺葡萄——藤本。小枝密生皮刺，先端弯曲，长 2～4 mm。叶宽卵形，顶端短渐尖，有时有不明显的 3 浅裂，基部心形，边缘有细锯齿，表面绿色，无毛，背面灰白色。叶柄疏生皮刺。圆锥花序与叶对生；花青绿色。浆果球形，蓝兰黑色或蓝兰紫色。

31. 椴树科

糯米椴——落叶乔木。叶圆形，先端宽而圆，有短尖尾，基部心形，正或偏斜，上面无毛，下面除脉腋有毛丛外，其余秃净无毛，侧脉 5～6 对，边缘有锯齿，由侧脉末梢突出成齿刺，长 3～5 mm。聚伞花序，花序柄有星状柔毛。果实倒卵形，有翅。

32. 猕猴桃科

中华猕猴桃——大型落叶木质攀缘藤本。叶圆形、卵圆形或倒卵形，下面密生灰棕色星状绒毛。果大，常为卵形或长圆形，幼时密生棕色长毛，成熟时脱落或不脱落。其分布于长江流域以南。

33. 山茶科

柃木——常绿灌木或小乔木。叶二列式互生，薄革质，椭圆形或倒披针形，基部楔形，先端钝或急尖，边缘有钝锯齿。花白色，单生或丛生于叶腋而下垂。

紫茎——落叶灌木或小乔木。叶互生，纸质，椭圆形或长圆状椭圆形，先端渐尖，基部楔形或近圆形，边缘疏生锯齿或细圆锯齿；叶柄带紫红色。花单朵腋生，白色；苞片 2 枚，叶状，卵形或卵圆形，先端急尖。

茶——灌木或小乔木。叶薄革质，椭圆状披针形至倒卵状披针形，先端急尖或钝尖，基部狭楔形，边缘有短细锯齿，上面绿色，有光泽，下面淡绿色。花白色，1～4 朵成腋生聚伞花序。

连蕊茶——灌木。叶薄革质，长圆状椭圆形或长圆状披针形，先端长尾尖，基部阔楔形或近圆形，边缘具细锯齿，叶面深绿色，略具光泽，背面淡绿色，中脉在叶面凹陷，背面突起。花单生叶腋或侧枝顶端；宿存小苞片 4 枚，卵形或半圆形；宿存萼片近离生，阔卵形或半圆形。

厚皮香——常绿乔木。叶倒卵形至长圆形，顶端钝圆或短尖，基部楔形，全缘，表面绿色，背面淡绿色，中脉在表面下陷。花淡黄色，花柄稍下垂。萼片宿存。

木荷——大乔木。嫩枝通常无毛，叶革质或薄革质，椭圆形，边缘有钝齿。总状花序，白色，蒴果。

34. 胡颓子科

胡颓子——常绿灌木，枝条上有刺。叶椭圆形至长椭圆形，互生，先端渐尖，基部圆形，边缘呈波浪状扭曲。幼叶表面有鳞斑，以后变得平滑并出现光泽，背面也有银白色的鳞斑，以后变成淡绿色。

35. 蓝果树科

喜树——落叶乔木。叶互生，纸质，卵状椭圆形或长圆形，先端渐尖，基部圆形，上面亮绿色，全缘，叶柄带红色。头状花序近于球形，顶生或腋生。翅果长圆形，顶端具宿存的花盘，两侧具窄翅，着生于近球形的头状果序上。

蓝果树——落叶乔木。树皮淡褐色，粗糙，常裂成薄片脱落；小枝圆柱形，无毛，皮孔显著，近圆形；叶纸质或薄革质，互生，椭圆形或长椭圆形，顶端短急锐尖，基部近圆形，边缘略呈浅波状。花序伞形或短总状，雄花生于叶已脱落的老枝上，花瓣早落，雌花生于具叶的幼枝上，基部有小苞片。核果椭圆形，熟时深蓝色。

36. 八角枫科

八角枫——落叶乔木。单叶互生，卵圆形，基部偏斜。全缘或微浅裂，表面无毛，背面脉腋簇生毛，基出脉 3～5 条，入秋叶转为橙黄色。花为黄白色，花瓣狭带形。核果卵圆形，黑色。

37. 五加科

楤木——小乔木。疏生粗壮、直的皮刺；小枝、伞梗、花梗密生黄棕色绒毛，小枝疏生小皮刺。二至三回羽状复叶，小叶厚纸质至薄革质，卵形、宽卵形或长卵形，边缘具细锯齿或不整齐的重锯齿。伞形花序组成大型、长30～60 cm的圆锥花序。

常春藤——多年生常绿攀援灌木。气生根，茎灰棕色或黑棕色，光滑，单叶互生；叶柄无托叶有鳞片；花枝上的叶椭圆状披针形，伞形花序单个顶生，花淡黄白色。果实圆球形，红色或黄色。

刺楸——落叶乔木。单叶互生，近圆形，5～9裂。伞形花序聚生成顶生圆锥花序。果球形，熟时蓝黑色。

38. 山茱萸科

灯台树——落叶乔木。叶互生，簇生于枝梢，叶广卵圆形。伞房状聚伞花序生于新枝顶端，白色。核果近球形。

四照花——落叶小乔木。叶对生，纸质，两面被毛。花黄白色，球形头状花序，总苞片4枚，卵形或卵状椭圆形；果序球形，紫红色；总果柄纤细。

39. 杜鹃花科

云锦杜鹃——常绿灌木或小乔木。叶簇生枝顶，厚革质，矩圆形至矩圆状椭圆形，先端钝尖，基部圆形或心形，无毛，上面暗绿色，中脉凹入。顶生总状伞形花序。

满山红——落叶灌木。叶2～3片轮生枝端，近革质和纸质卵状披针形，先端急尖，基部圆钝，边缘由中部向上有细钝齿。花顶生枝端，常成双，先叶开放。

马银花——常绿灌木或小乔木。叶革质，卵形或椭圆状卵形，顶端短尖而微凹，中脉延伸成小凸尖，基部稍圆。花紫白色，单生于枝端叶腋。

映山红——落叶灌木。叶纸质，卵形、椭圆状卵形或倒卵形，先端锐尖，基部楔形，上面有疏糙伏毛，下面毛较密。花2～6朵簇生枝顶。

乌饭树——常绿小乔木。嫩枝、嫩叶中脉和嫩果均有灰褐色细柔毛，叶薄革质，卵形、椭圆形或狭椭圆形，边缘具坚硬细齿，背面中脉有刺。总状花序腋生，浆果熟时紫黑色，外面通常被短柔毛，稀无毛。

40. 柿树科

君迁子——乔木。叶椭圆形至长圆形，表面密生柔毛后脱落，背面灰色或苍白色，脉上有柔毛。花淡黄色或淡红色，单生或簇生叶腋。果实近球形，熟时蓝黑色，有白蜡层，近无柄。

41. 山矾科

白檀——落叶灌木或小乔木。叶互生，纸质，卵状椭圆形或倒卵状圆形，边缘有细锯齿，中脉在表面凹下。圆锥花序生于新枝顶端或叶腋。核果成熟时蓝黑色，斜卵状球形，萼宿存。

老鼠矢——常绿乔木。芽、嫩枝、叶柄、苞片和小苞片均被红褐色长绒毛。叶厚革质，下面灰白色，披针状椭圆形或狭矩圆状椭圆形，顶端急尖或短渐尖，基部宽楔形或圆，通常全缘，中脉在上面凹下。

42. 安息香科

小叶白辛树——乔木。嫩枝密被星状短柔毛，老枝无毛，灰褐色。叶纸质，倒卵形、宽倒卵形或椭圆形，边缘有锐尖的锯齿，嫩叶两面均被星状柔毛，成长后上面无毛，下面稍被星状柔毛；叶柄上面具深槽，被星状柔毛。圆锥花序伞房状。果实倒卵形，5 翅，密被星状绒毛，顶端具长喙，喙圆锥状，长 2～4 mm。

43. 木犀科

女贞——常绿小乔木。单叶对生，革质，卵形至卵状披针形，先端渐尖，基部楔形或近圆形，全缘。圆锥花序顶生。浆果状核果近肾形，熟时深蓝色。

小蜡树——半常绿灌木。叶薄革质，椭圆形或倒卵状矩圆形，先端尖或钝，基部圆形或阔楔形，叶表光绿，背面有毛，脉腋及中脉有密毛，叶柄短，长仅 3～5 mm，顶生圆锥花序窄长。

木犀（桂花）——常绿小乔木或灌木。叶革质，椭圆形至椭圆状披针形，顶端急尖或渐尖，基部楔形，全缘或上半部疏生细锯齿。花序簇生于叶腋，花梗纤细。

44. 夹竹桃科

络石——常绿藤本。节部常发生气生根，幼枝上有茸毛。单叶对生，椭圆形至阔披针形，先端尖，革质，叶面光滑，叶背有毛。聚伞花序腋生，具长总梗。

45. 马鞭草科

紫珠——落叶灌木。小枝光滑，略带紫红色。单叶对生，叶片倒卵形至椭圆形，先端渐尖，边缘疏生细锯齿。聚伞花序腋生，具总梗。果实球形，成熟后呈紫色。

大青——灌木。叶对生，长椭圆形至卵状椭圆形，长 6～17 cm，宽 3～7 cm。伞房状聚伞花序，顶生或腋生，白色。果成熟时紫色。喜温暖湿润生境。

海州常山——落叶灌木或小乔木。单叶对生，叶卵圆形，长 5～16 cm，先端渐尖，基部多截形，全缘或有波状齿。伞房状聚伞花序着生顶部或腋间。核果球状，蓝紫色。

黄荆——灌木。小枝具有四棱，枝条密生灰白色的细绒毛。掌状复叶、对生，小叶 3～5 枚，前端长尖；圆锥形聚伞花序顶生。

46. 唇形科

夏枯草——多年生草本。叶卵形或椭圆状披针形，全缘或疏生锯齿。轮伞花序顶生，呈穗状；苞片肾形，背面有粗毛。

益母草—— 一年或二年生草本。茎呈方柱形，上部多分枝，四面凹下成纵沟。基生叶圆心形，浅裂。下部茎生叶掌状 3 裂，上部叶羽状深裂或浅裂成 3 片，裂片全缘或具少数锯齿。

47. 茜草科

香果树——落叶乔木。叶对生，宽椭圆形或宽卵状椭圆形，全缘；托叶三角状卵形，早落。聚伞花序排成顶生的圆锥花序状；花大，淡黄色，有柄。蒴果长椭圆形，两端稍尖。

六月雪——常绿或半常绿丛生小灌木。叶对生或簇生小枝上，厚革质，长椭圆形或长椭圆披针状，全缘。花单生或多朵簇生。

48. 忍冬科

南方六道木——灌木。叶卵状椭圆形至披针形，上部疏生锯齿，下部全缘，具缘毛。双花腋生于侧枝顶部。

荚蒾——落叶灌木，小枝、芽、叶柄、花序带黄色粗毛或星状毛。叶倒卵状椭圆形，下面有腺点，脉腋有簇生毛。复伞形花序。

水马桑——落叶灌木。叶片长卵形至卵状椭圆形，顶端渐尖至长渐尖，基部阔楔形至圆形，边缘具锯齿，上面深绿色，下面浅绿色，叶柄有柔毛。聚伞花序生于短枝的叶腋或顶端，果实顶端有短柄状喙，疏生柔毛。

49. 桔梗科

羊乳——多年生蔓生草本。茎攀缘细长，无毛，带紫色。叶在茎上互生，细小；在枝的通常 2～4 片簇生，或对生状或近于轮生状，披针形至椭圆形，全缘。花单生或成对生于枝顶；花冠外面乳白色，内面深紫色，钟形，浅 5 裂，先端反卷，有网状脉纹。

桔梗——多年生草本。叶3～4片轮生、对生或互生；无柄或有极短的柄；叶片卵形至披针形，边缘有尖锯齿。花1朵至数朵单生茎顶或集成疏总状花序。

50. 菊科

一年蓬——二年生草本。基生叶丛生，卵形或倒卵状披针形，基部狭窄下延，边缘有不规则粗齿；茎生叶披针形或条状披针形。头状花序排列成伞房状圆锥花序。

鼠曲草——二年生草本，全株密被白绵毛。叶互生，基生叶花后凋落，下部和中产叶匙形或倒披针形，基部渐狭，下延，两面都有白色绵毛。头状花序多数，排成伞房状；总苞球状钟形。

一枝黄花——多年生草本。单叶互生，卵圆形、长圆形或披针形，边缘有锐锯齿，上部叶锯齿渐疏至全近缘；基部叶有柄，上部叶柄渐短或无柄。头状花序聚成总状或圆锥状，总苞钟形。

附录Ⅳ　常见鸟类野外鉴别方法

一、依据形态特征鉴别鸟类

表Ⅳ-1　鸟类的形态特征

体形大小	大小如麻雀	鹀、文鸟、山雀、金翅、燕雀、鸦雀
	大小如八哥	鹎、椋鸟、画眉
	大小如喜鹊	灰喜鹊、灰树鹊、红嘴蓝鹊、乌鸦
	大小如鸽	斑鸠、隼、杜鹃
	大小如鸡	环颈雉、白鹇、竹鸡
尾形	长尾	喜鹊、红嘴蓝鹊、红翅凤头鹃、白鹇、白腹锦鸡、长尾雉、寿带
	尾分叉	卷尾、燕尾、燕子、雨燕、鹰、燕鸥
	短尾	斑翅山鹑、鹌鹑、苦恶鸟、鸊鷉、八色鸫
嘴形	长嘴	翠鸟、啄木鸟、沙锥、鹭、苇鳽、鹮等
	嘴向下弯曲	太阳鸟、锈脸钩嘴鹛、杓鹬、戴胜、朱鹮
	嘴宽短三角形	夜鹰、鹟、雨燕、燕子
羽色	黑色	乌鸦、黑卷尾、发冠卷尾、乌鸦、噪鹃、董鸡、红骨顶
	黑白两色	家燕、喜鹊、白鹇、斑啄木鸟、黑短脚鹎、八哥、鹊鹞、鹊鸲、燕尾、白腰雨燕、白鹡鸰、大山雀
	灰色	杜鹃、灰卷尾、暗灰鹃鵙、普通鸸
	灰白两色	灰山椒鸟、灰林鵖、银鸥、白头鹤、白额燕鸥、白胸苦恶鸟
	蓝色为主	蓝翡翠、翠鸟、三宝鸟、红嘴蓝鹊、红胁蓝尾鸲、鸲、红尾水鸲、白腹蓝鹟、蓝矶鸫、八色鸫、蓝马鸡
	绿色为主	绿啄木鸟、栗头蜂虎、绿鹦嘴鹎、绿翅短脚鹎、红嘴相思鸟、绣眼、柳莺、绯胸鹦鹉
	黄色为主	黄鹂、黄鹡鸰、白眉姬鹟、黄腹山雀、金翅、黄雀、黄胸鹀、白冠长尾雉、黄斑苇鳽
	红色或锈色为主	棕背伯劳、棕头鸦雀、锈脸钩嘴鹛、赤红山椒鸟、黄腰太阳鸟、红隼、朱背啄花鸟、红腹锦鸡
	褐色或棕色为主	画眉、伯劳、鹨、鸫、斑鸠、红尾鸫、乌鸫、树莺、棕扇尾莺、鹰、隼、鸱鸮、鸻、鹬、雉鸡等
	麻雀色	鹀、鹨

二、依据飞翔、停落姿态和栖息环境鉴别鸟类

表Ⅳ-2　鸟类的飞翔、停落姿态和栖息环境

飞行姿态	波浪式	鹡鸰、鹨、燕雀、啄木鸟
	空中兜圈返回树枝	鹟、鹎、扇尾莺、三宝鸟
	鱼贯式	红嘴蓝鹊、灰喜鹊、松鸦
	滑翔	鹰、鸥、鹫、雕
	悬停	蜂鸟、翠鸟
	垂直起落	百灵、云雀
	列队飞行	雁、天鹅、鹤等
停落姿态	尾上下摆动	伯劳、鹡鸰、水鸲
	尾左右摆动	山鹡鸰
	攀缘树干	啄木鸟、旋木雀
	落于水面	䴙䴘、雁鸭类、鸥类
	水边行走	鹤、鹮、鹬、鸻、鹡鸰
栖息层位	草丛间	环颈雉、红胸田鸡、蝗莺
	灌木中	灰头鹀、黄喉鹀、巨嘴柳莺、蓝歌鸲、短翅树莺、棕头鸦雀
	乔木上	山雀、啄木鸟、黑枕黄鹂、白眉姬鹟、杜鹃等
栖息环境	居民点及附近	麻雀、文鸟、家燕、金腰燕
	农田	乌鸦、喜鹊、斑鸠
	林缘灌丛	鹀类、芦莺、树莺、画眉
	落叶阔叶林	黑枕黄鹂、大杜鹃、灰椋鸟、山斑鸠、冕柳莺、白眉姬鹟
	针阔混交林	四声杜鹃、灰喜鹊、三宝鸟
	针叶林	松鸦、星鸦、交嘴雀、旋木雀、榛鸡
	水区	雁鸭类、鹤、鹭、鹳、鸥、鸻、鹬、鹡鸰

三、依据鸣声鉴别鸟类

表Ⅳ-3　鸟类的鸣声特征

婉转多变	雀形目鸟类：云雀、百灵、画眉、红嘴相思鸟、乌鸫、鹊鸲、八哥、黄鹂、白头鹎、鹟
两声一度	大杜鹃、棕腹杜鹃、褐柳莺、鹡鸰、黑卷尾、暗灰鹃䴗、锈脸钩嘴鹛、黄腹山雀、白胸苦恶鸟
三声一度	小灰山椒鸟、大山雀、棕颈钩嘴鹛、小鸦鹃、鹰鹃、灰胸竹鸡
四声一度	四声杜鹃、栗头蜂虎、蓝翅八色鸫、凤头鹀
五、六声一度	小杜鹃、绿鹦嘴鹎、赤胸鹀
八、九声一度	棕噪鹛、冠纹柳莺
吹哨声	红翅凤头鹃（二声一度长哨声）；强脚树莺（先一声后二声高亢哨声）；蓝翡翠（如响亮串铃）
尖细颤抖声	绣眼、翠鸟、小燕尾、黑背燕尾、紫啸鸫、棕脸鹟莺
粗粝单调声	野鸡、绿啄木鸟、三宝鸟、大嘴乌鸦、黑脸噪鹛、伯劳

四、依据图形鉴别鸟类

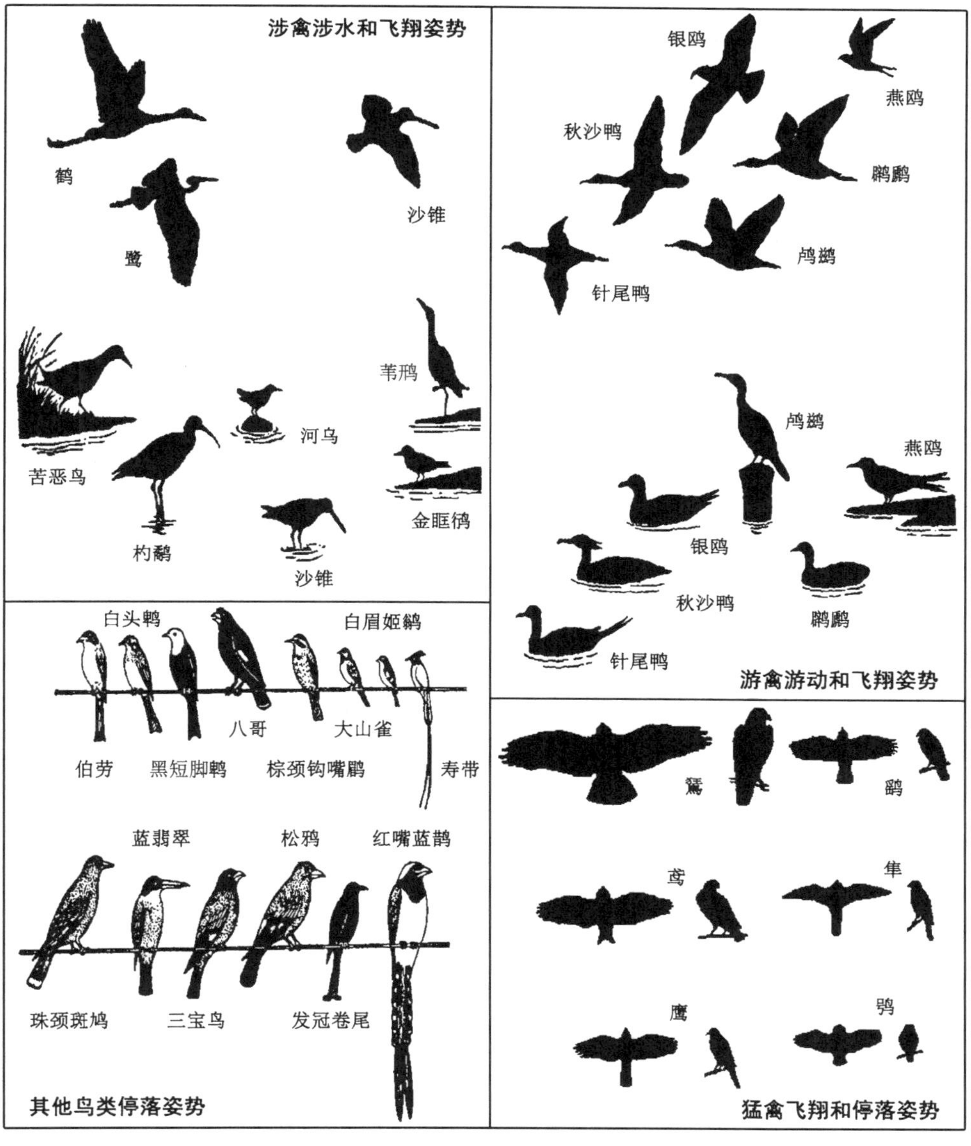

图Ⅳ-1 鸟类的图形特征

附录Ⅴ 土壤动物鉴别方法

一、土壤动物检索图表

表Ⅴ-1 土壤动物检索表

无足	有壳	螺形							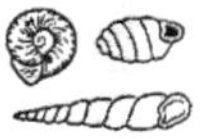	腹足类
		圆形								有壳变形虫类
	无壳	有头	体细长							双翅类（摇蚊幼虫）
			体粗							鞘翅类（幼虫）
		无头	体有节	少节	1mm 以上				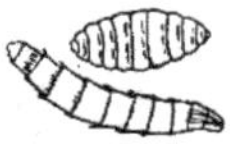	双翅类（幼虫）
					1mm 以下				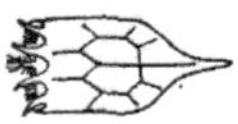	轮虫类
				多节	肉色					蚯蚓类
					白色					线蚓类
			体无节	体细长扁平						涡虫类
				体细长圆形					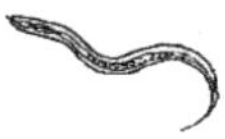	线虫类
有足	1 体节 2 对足								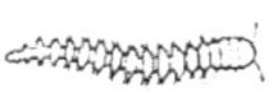	倍足类（马陆）
	1 体节 1 对足	31 对足以上								唇足类（地蜈蚣）
		21～23 对足								唇足类（大蜈蚣）

续表

		5～15对足	能够卷身							等足类
			不能够卷身	触角分成两条					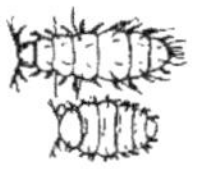	少足类
				触角单条	无尾须					唇足类（石蜈蚣）
					有尾须	触角多节				结合类
						触角少节	扁平		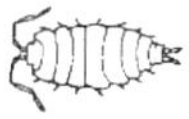	等足类（鼠妇）
							细长			端足类
		4对足	无螯肢	细中腰					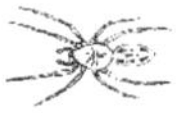	蜘蛛类
				粗中腰	4～10爪				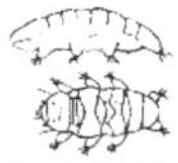	缓步动物类
					1～3爪	背部中央有眼				盲蛛类
						背部中央无眼				蜱螨类
			有螯肢	尾端长须					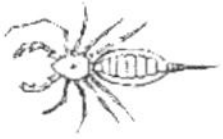	尾蝎类
				尾端无须	背部中央有眼					盲蛛类
					背部中央无眼					拟蝎类
		3对足	无触角							原尾类
			有触角	无翅	无尾须	无复眼			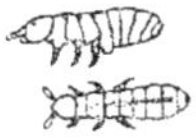	弹尾类
						有复眼	刺吸口		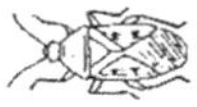	半翅类、同翅类

续表

							咀嚼口	触角 	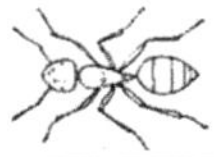	膜翅目（蚁）
								触角 	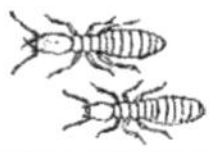	等翅目（白蚁）
								触角 		鞘翅目（幼虫）
					有尾须	尾须 			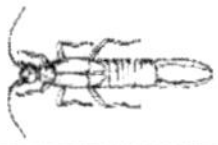	革翅目（蠼螋）
						尾须 				弹尾类（跳虫）
						尾须 				双尾类（双尾虫）
						尾须 			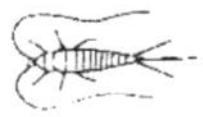	缨尾类（石蛃）
				有翅	前翅角质	长翅				鞘翅类（甲虫）
						短翅	无尾铗		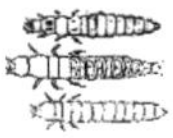	鞘翅类（隐翅虫）
							有尾铗			革翅类
					前翅膜质	刺吸口	半膜翅			半翅类（蝽）
							羽毛翅			缨翅目（蓟马）
						咀嚼口	胫节刺小			直翅类
							胫节刺大			蜚蠊目

二、依据图形鉴别土壤动物

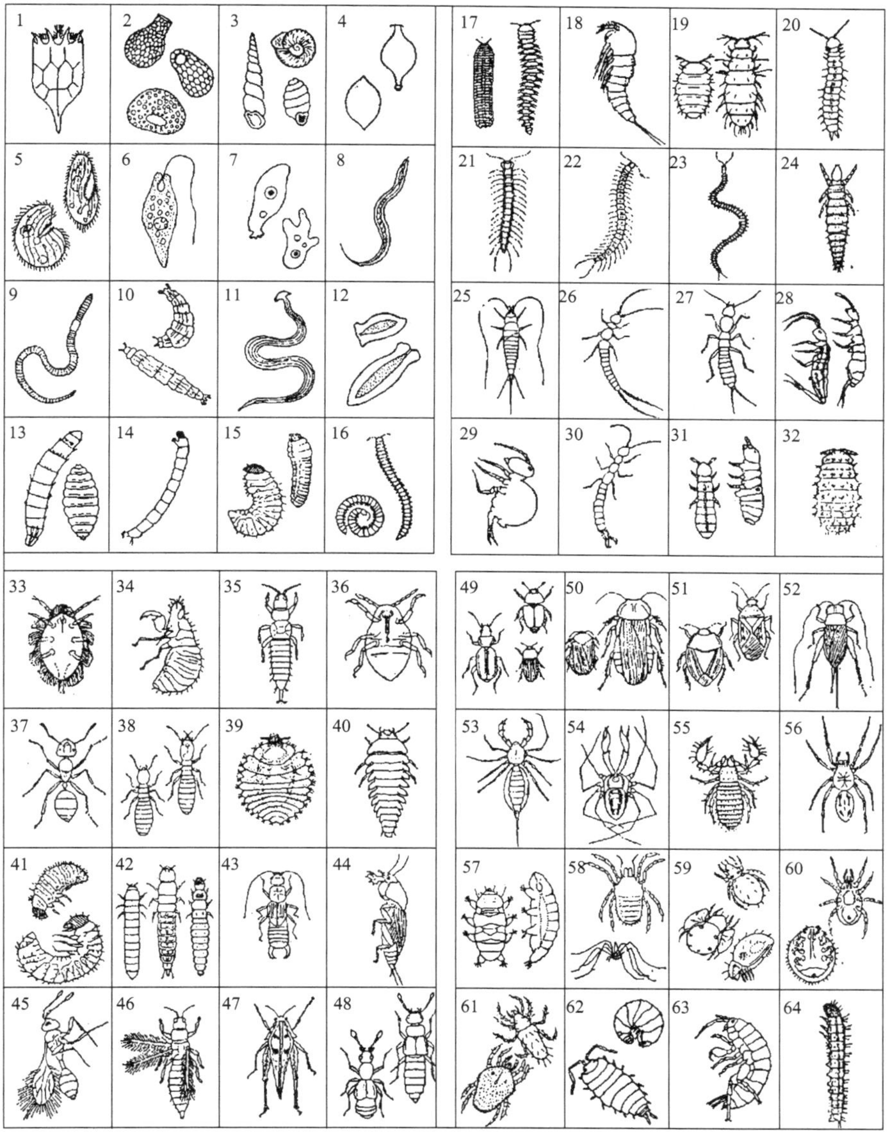

图Ⅴ-1　各类土壤动物的外形特征（仿尹文英）

1.轮虫；2.有壳变形虫；3.腹足类；4.蚯蚓卵；5.纤毛虫；6.肉鞭毛虫；7.变形虫；8.线虫；9.蚯蚓类；10.蛭形轮虫；11、12.涡虫；13.双翅类幼虫；14.摇蚊幼虫；15、39～42.鞘翅类幼虫；16、17.倍足类；18.甲壳类；19.少足类（蠋蜷纲）；20.结合类；21.石蜈蚣；22.大蜈蚣；23.地蜈蚣；24.原尾虫；25.石蛃类；26、27、30.双尾类；28、29、31、32.弹尾类；33.蚧壳虫；34.蝉（幼虫）；35、46.缨翅类；36.蚜虫；37、45.膜翅类；38.等翅类；43.革翅类；44.直翅目（蝼蛄）；47、52.直翅类；48、49.鞘翅类；50.蜚蠊目；51.蝽类；53.尾蝎类；54、58.盲蛛类；55.拟蝎类；56.蜘蛛类；57.缓步类；59—61.蜱螨类；62.等足类；63.端足类；64.鳞翅类幼虫。